日本百銘菓

中尾隆之 Nakao Takayuki

NHK出版新書
555

はじめに

一〇年の出版社勤めの後、旅を中心とするフリーライターになって四〇年になる。年に一〇〇日余、一回二〜三泊で日本各地を訪ね歩いた。平成の大合併前の三〇〇〇を超す市町村があった頃は、足を踏み入れたことのない土地は三割ほどにまでなった。市町村の数が一七〇〇余になった現在では、残りは一割ほどの計算になる。ＪＲ線には九割ほど乗っている。

とりわけライフワークとしてきたのが、城下町や宿場町、門前町などの歴史的な町並みの探訪である。武士や職人、商人、町人らが集った町には、どこにも味わい深い和菓子が伝わっている。無類の甘党だから、店先で食べたり、道中で口にしたり、取り寄せたり、もらいもので賞味したり……その数五〇〇〇種近くになるだろうか。

かつて旅の土産《みやげ》といえば、木彫り熊やこけし、人形、陶器、貝細工などの記念に残る民芸・工芸品が多かった。しかし、「飾る場所がない」「趣味に合わない」などと敬遠され、次第に形に残らない食べ物が好まれるようになった。なかでも菓子は手軽に買え、調理の手間がなく、すぐ食べられるので、いまでは土産売り場の半分以上を銘菓が席巻している。

そんなわけで、伝統的な銘菓に加えて新しい商品が次々に生まれ、その数は何十万種類にもなるだろう。だから味わうのはもとより、目にすることすらない菓子も無数にある。この日本には、私たちの知らない菓子が山ほど溢《あふ》れているといえる。

そうしたことを思えば、私が食べた数も知れてはいる。とはいえ、五〇〇〇種ほどの銘菓を味わった者は、そうザラにはいないのではないだろうか。

私は、これまでに銘菓を紹介したガイドブックを出版したり、雑誌や新聞で甘味コラムを連載したりしてきた。「TVチャンピオン」(テレビ東京系)の「全国お土産銘菓通選手権」では、幸いにして優勝することもできた。また、土産ランキングを現地調査するテレビ番組に出演するなど、ここ二〇年余は全国各地の銘菓紹介にかなりのめり込んできた自負がある。

そんなところへ、本書の担当編集者から企画の相談があった。全国に何十万とあるであろう銘菓の中から、「これぞ」という一〇〇品を選定する本ができないだろうか、というのである。

少しでも銘菓の多様さを知る者ならば、いささか無謀な企画だと考えるだろう。しかし、半世紀近くにわたって全国各地を訪ね歩き、自らの口で銘菓の数々を味わってきた者として、一つの締めくくりをまとめることに心が動き、試行錯誤しながら取り組んだのが本書である。

一〇〇品の銘菓を選定するにあたっては、以下の七項目を重視して選んだ。

①歴史・風土など地域性があること
②老舗《しにせ》ならではの風格・品格が伝わること
③日保ちが三〜四日以上あること
④個包装で風味と清潔感が保全されていること
⑤大きさ・重さ・見映えがよいこと
⑥人気・話題性に富んでいること
⑦個性的でユニーク、希少なこと

したがって、一部の例外はあるが、季節を織り込んだ煉《ね》り切《き》り、こなしなどの上生菓子、朝つくって当日賞味の団子や大福などの「朝生《あさなま》」、純粋な洋生菓子など、日保ちの短いものは除外している。つまり、土産にふさわしい銘菓を選んだ。

近年の土産銘菓選びの傾向として、少量でも上質なこと、高価でも美味なこと、家族や自分向けが多いこと、などが指摘できる。加えて、原材料や添加物、賞味期限、さらにはパッケージに記された製造元や販売元にも目が注がれるようになった。製造元は実際にその銘菓をつくっているところだが、販売元は商品を扱うバイヤーで、材料や製法についての答えは持ち合わせていない。もちろん、販売元に問い合わせても製造元は教えてもらえない。同じ菓子が違う土地で別の菓名や包装で売られているケースもある。「中身より最初に裏見る旅みやげ」の川柳もあるように、原材料や添加物、賞味期限なども気に留めたい。

銘菓の戦国時代ともいえる今日の状況は、必ずしも質のよい商品ばかりが店頭に並ぶわけではない。むしろ、老舗の逸品が店頭の片隅に追いやられることすらある。そうした状況にあって、有名無名を問わず、一〇〇の銘菓を選定することには少なからぬ意味があるだろう。

おそれながら本書は、山を愛する人のバイブル、深田久弥氏の『日本百名山』になぞらえて企画された。執筆中は悩みと迷いとうなりの連続で、無謀で無茶で無情な行為であることをつくづく感じた。

そんななかで一〇〇品を選ぶにあたっては、一定の枠組みを設けることにした。たとえば、第1章では死ぬまでに食べたい絶品銘菓、第2章や第3章では定番ジャンルの原点とでもいうべき逸品、第7章では「和洋折衷」がこのうえなく表現された名品、といった具合である。したがって、本書で取り上げるのは、銘菓全体における「ベスト一〇〇」ではなく、それぞれのカテゴリーでの選出であることをご理解願いたい。

銘菓のガイドブックは数多く出版されている。本書にそれらとは異なる特徴があるとすれば、私が四〇年にわたって銘菓を食べ比べていること、取り寄せではなく実際に店まで行っていることだ。加えて、多くは取材と名乗らず買い求めて食べている私に、店への義理やしがらみはまったくない。

それゆえ、本書ではおいしいと思ったものを公平感と自信をもって厳選している。もとより菓子は好き嫌いの幅が大きい嗜好品だから、「この菓子はどうだろう」「あの菓子が入ってないのか」、などの感想や意見もあると思う。独断と偏愛を免れない「日本百銘菓」

だが、観光や出張などの途次に、買って納得、もらってうれしい土産銘菓選びの一助として、本書をお読みいただければ甚だ幸せである。

日本百銘菓　目次

第2章　原点を伝える逸品銘菓20（上）

第3章　原点を伝える逸品銘菓20（下）

第5章　歴史・風土が生きる伝統銘菓15

道喜粽（京都府京都市・川端道喜）

第1章

死ぬまでに食べたい絶品銘菓15

全国各地を旅して、いろいろな銘菓を食べていると、頻繁に「一番おいしかったお菓子は何ですか」という質問を受ける。また、雑誌やテレビから声をかけられ、銘菓ランキングの作成を求められることもあるが、これも大いに悩んでしまう。同一種の菓子を比較するならばともかく、基準や条件などのないなかで、ランク付けするのは甚だ難しいからである。

とはいえ、数多くの菓子を食べてきた経験から、それなりの回答をしてきた。

この章では、一生に一度は食べていただきたい菓子を取り上げる。大袈裟に言えば「死ぬまでに一度は食べたい菓子は?」という問いに、頭を抱えながらあえて答えた菓子である。期間限定、数量限定、売り切れ御免、行列必至——。必然的にそうした商品が多くなるので、買えた喜びもひとしおだし、もらったありがたさも一段と深くなる。

名菓舌鼓——皮と餡がとろける求肥餅

そうした観点でまず思い浮かぶのは、ある餅菓子のことである。

二〇年くらい前になるだろうか。友人から妙な問い合わせの電話をもらった。闘病中の父上が、歩兵連隊で駐留の時に食べたお菓子をにわかに思い出したらしく、わかれば教え

てほしいというのだ。手掛かりは「白くてやわらかくてとろける感じの餅」という言葉のみ。どこで口にしたのかを問い直して、思い当たる菓子と店を教えた。

すぐに取り寄せたところ、父上は「うんうん、これ、これだよ」と喜んで味わったという。よほど記憶に残っていたのだろう。しかし、病は抑えようもなく、その半月後に亡くなったと報告を受けた。

そうか、人には死ぬまでに一度は行きたい場所があるように、もう一度食べたいお菓子もあるのだな、としみじみと思ったものである。

私が教えたその菓子の名は**「名菓舌鼓《したつづみ》」（山口県山口市・山陰堂）**である。

もち米粉を水でこね、蒸してつくった求肥《ぎゅうひ》で、手亡豆《てぼうまめ》の白餡《しろあん》を包み、俵形に整えて、一個ずつ和紙で包装してある。皮と餡の区別がつかないほど、食感も甘さも溶け合う餅菓子で、真っ白で透き通るような皮は、赤ん坊の耳たぶほどやわらかい。添加物なしで一週間もつ。きめ細かな餡の舌触りも滑らかで、まさに舌が鼓を打つほどの美味である。

津和野藩士だった初代が、明治維新後に山口に出て菓子屋を開いたのは、明治一六年（一八八三）のこと。この餅が評判を呼んで、大正時代、山口出身の内閣総理大臣・寺内正《まさ》毅《たけ》から、菓名に「名菓」を冠するよう賞讃されたという。店名を山陽堂でなく山陰堂としたのは、津和野藩の士族の自負と愛着からくるのかもしれない。山口駅から徒歩一〇分ほどの所にある本店は、アーケードのかかる中市商店街にある風雅な白壁造りである。

清浄歓喜団――唐から伝来した供え菓子

山口は、室町時代に大内文化が花開き、応仁の乱で荒廃した京を逃れ、貴人が移り住んだ町である。「西の京」と呼ばれ、大いに栄えた。

もちろん、本家本元の京都にも、ぜひ一度は食べておきたい菓子がある。その名を**「清《せい》浄《じょう》歓《かん》喜《き》団《だん》」（京都府京都市・亀《かめ》屋《や》清《きよ》永《なが》）**という、菓名も形も異色の逸品だ。

その歴史は奈良時代にまで遡《さかのぼ》る。当時の遣唐使がもたらした唐菓子「お団」の一つで、白檀《びゃくだん》、桂皮《けいひ》、竜脳《りゅうのう》など七種の香を付け、薄くのばした米粉と小麦粉の生地でこし餡を巾着型に包み、口を八葉の蓮華に見立てて結び、たぎった上質なゴマ油でカリッと揚げる。硬い皮の底を砕くと、ちょっとクセがあるが、神秘的な香りが漂う。きめ細やかでほっこりした餡の甘さは、どこか厳《おごそ》かである。

この「清浄歓喜団」は、法会《ほうえ》の際に歓喜天《かんぎてん》へ供える菓子で、天台宗や真言宗などの密教寺院では欠かせない。毎月一日と一五日を中心につくられ、当日、当主はもちろん家族も精進潔《しょうじんけっ》斎《さい》して調進に臨む。近年は銘菓としても人気が高まり、一般にも販売している。全国唯一の菓子といってよい。

亀屋清永は、江戸時代初期の元和三年（一六一七）に創業された。八坂神社そばにある店を訪ねた際に、京都には「五亀二鶴」と呼ばれる本家筋の菓子屋があり、ここ亀屋清永は、親亀（本家）に当たると聞いた。全国各地に「亀屋」や「鶴屋」を名乗る菓子店が多いのは、系列もあるが、多くは「鶴は千年、亀は万年」のめでたさにあやかってのことだろう。

小城の朔羊羹──年に六回限定販売の別製本煉り

和菓子の棹物《さおもの》を代表する羊羹《ようかん》には、大きく分けると、煉り羊羹、蒸し羊羹、水羊羹の三種がある。季節を問わず、賞味期限も長い。小豆《あずき》、砂糖、寒天と原材料はシンプルだが、実に奥行きが深く、数も多い。

とくに佐賀県小城《おぎ》市は、市内に二十数軒の専門店が集まる「日本一の羊羹の町」として知る人ぞ知る。なかでも小城羊羹の名を高めたのが、明治三二年（一八九九）創業、初祖と称する村岡総本舗である。

同店の看板商品は「特製切り羊羹」で、糖化して白く浮き出た外側のシャリ感、舌にし

っとりする内側のやわらかさ、その歯触りは絶妙としかいいようがない。私がお薦めしたいのは、貴重な白小豆を使って、透明感のある美しい桜色の「櫻《さくら》羊羹」だ。熟達の職人が流し固めた羊羹を、一本一本手作業で切り分けたもので、繊細で上品な甘さが受けている。

この製法を受け継いだ**「小城の朔《ついたち》羊羹」（佐賀県小城市・村岡総本舗）**こそ、死ぬまでに味わいたい逸品である。別製注文・要予約で、年に六回（一二・一月、三・四月、七・八月の各月一日）だけの限定品だ。

厳選した備中産赤小豆と徳島産和三盆糖《わさんぼんとう》を用い、丹念な手漉《てご》し製法で仕上げた木箱詰めの本煉り羊羹は、一箱一〇〇〇グラム入りで、一万円を超す高級品である。

「材料に勝る技術なし」という社長の村岡安廣さんに、本店横の砂糖蔵を活用した羊羹資料館で話を伺うと、「小豆、砂糖、寒天は、各地を自ら歩いて目と手で確かめ、納得のいくものを確保している」とのこと。木箱に流して切り分ける、昔ながらの製法で極上品をつくるのは、伝統の味を守り、技術の伝承をしていくためだという。

上り羊羹——独自の境地に達した蒸し羊羹

一方、蒸し羊羹の雄といえば、**「上《あが》り羊羹」（愛知県名古屋市・美濃忠《みのちゅう》）**に異論はないだろう。

こし餡、小麦粉、糖蜜などの生地をじっくり長時間かけて蒸し上げ、ゆっくりと固めたもので、水分が多く水羊羹風だが、舌にとろけてい

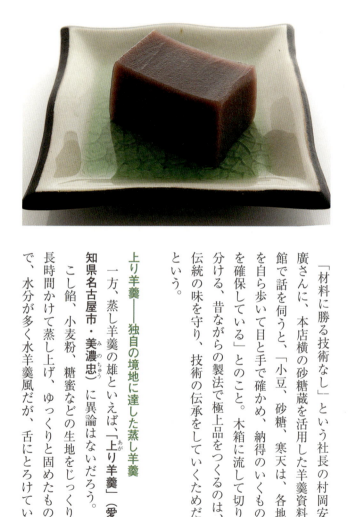

く餡は、甘さが静かに口を満たす絶品である。蒸しでも煉りでもない、独自の境地に達した稀有《けう》な羊羹である。

値段はやや高めに感じるかもしれないが、口に運ぶと納得。日保ちが短く、製造販売は毎年九月上旬～五月下旬の限定で、九月が近づくと、待ち焦がれた人たちからの電話が殺到する。

初代尾張《おわり》藩主徳川義直に従って駿府《すんぷ》から移ってきた御用菓子司・桔梗屋《ききょうや》が、藩主にこの羊羹を献上したと伝わる。同店に長く奉公していた伊藤忠兵衛が暖簾《のれん》分けを許され、美濃忠の屋号で堀川の五条橋近くに店を構えた。安政元年（一八五四）のことである。明治中期に桔梗屋が途絶えて以降は、美濃忠が「上り羊羹」の味と名声とをいまに伝えている。ぜひ機会を見つけて味わっていただきたい。

夏柑糖――ふるふる食感が楽しい夏の涼菓

土産銘菓といえば、その土地ならではの原材料だけでなく、季節感も重要な要素になる。果物や穀物の実りに合わせてつくられる菓子は、販売時期になると行列ができ、問い合わせの電話が鳴り続ける。その時期だけしか食べられないとなると、余計に気がそそられる

というものだ。

夏の気配が近づくと、毎年のように決まって思い出す品がある。酸味の強い夏ミカンを使った**「夏柑糖《なつかんとう》」（京都府京都市・老松《おいまつ》）**だ。夏ミカンの上部の皮を壺口のように切り取り、中身をくり抜いたのち、しぼった果汁に寒天や砂糖などを合わせ、皮の中に戻して固めた涼菓である。

香りも色もさわやかで、ふるふるとした食感から、甘酸っぱさとほろ苦さを伴った涼感が走る。使用する夏ミカンは、萩の農家で委託栽培されたものや、和歌山産の上質なものである。

「夏柑糖」は、四月一日～七月下旬頃の期間限定で、店頭販売のほかに取り寄せもできる。ぜひ一度は賞味していただきたい。

老松は、明治四一年（一九〇八）の創業。夏

の期間を逃してしまったら、通年販売の「御所《ごしょ》車《ぐるま》」を味わいたい。丹波大納言小豆のつぶ餡をやわらかな落雁で包んだ、老松の看板菓子である。

葛ふくさ――一七代続く老舗の逸品

夏といえば、**「葛《くず》ふくさ」（大阪府大阪市・菊《きく》壽堂義信《じゅどうよしのぶ》）**も忘れられない。夏季（五月一日～九月三〇日）のみに製造販売される名品だから、季節を外さずに食べたい一品だ。

店は、北浜駅に近い高麗橋《こうらいばし》のビル街の裏手にある。暖簾も看板もなく、見過ごしてしまいそうな木造二階建てだが、店内には茶席があり、販売期間中は地元の人の出入りは絶えない。天保年間（一八三一～四五）の創業で、一七代目当主の久保昌也さんが一人で手づくりしている。

「葛ふくさ」は、薄い求肥で丹波大納言小豆のつぶ餡をくるんだのち、それをさらに透き通った吉野葛で袱紗《ふくさ》のように四隅を合わせ包んだ、気品に溢れた逸品だ。ふっくらとした上品な甘さのつぶ餡、コシのある求肥、葛のみごとな食感。これらが口中で調和して舌が和む。

栗きんとん――贅沢ここに極まれり

秋の田畑では、米、小麦、ジャガイモ、サツマイモ、大豆、小豆などが実りの時期を迎える。果樹に目を向ければ、リンゴ、ブドウ、栗、柿、柚子《ゆず》などが目立つようになる。いずれも菓子の原材料となるものばかりだ。

とりわけ秋の和菓子に使われるのは、芋と栗であろう。陰暦八月の十五夜の月を「芋名月」、陰暦九月の十三夜の月を「栗名月」と呼ぶように、芋や栗は日本人の暮らしと深い関わりをもつ。

秋になると、栗きんとんをはじめ、栗羊羹、栗饅頭、栗最中、栗落雁、栗納豆、栗粉餅、栗団子、栗おこわなどの栗菓子が並ぶ。日本人にはそんなに栗好きが多いのかと思うほど

である。
　栗は加工がしやすく、保存もきくので、ほとんどの栗菓子が通年食べられる。ただし、季節限定品として行列ができるほどの人気を見せる**「栗きんとん」（岐阜県中津川市・すや）**は例外である。例年九月一日～翌年一月下旬の期間限定販売にこだわるのは、栗の名産地ならではの矜持《きょうじ》だろう。
　すやの「栗きんとん」は、蒸した栗の中身を取り出し、細かくつぶして砂糖だけを少々加えて炊き上げる。餡状になるまで練ったのち、粉状の栗と混ぜ、一つ一つ茶巾《ちゃきん》絞りにするという、手間暇かけた逸品である。ほぼ一〇〇パーセント栗を使った贅沢品だ。
　使用する栗は国内産に限り、現地に出かけて

厳選して仕入れる。老舗の誇りを込めたそれは、ほこほことしっとりの得も言われぬ栗の旨みをたっぷり堪能させる。「また来年も」という思いにさせる一品である。

創業は元禄年間（一六八八〜一七〇四）と伝わるが、六代目までは店名が示すように酢屋《すや》を営み、江戸時代末期の七代目から菓子業に転進した。茶巾絞りのきんとんを生み出したのは、八代目の赤井万助だという。

栗甘美——口中に広がる栗の旨み

期間限定の栗菓子といえば、**「栗甘美《くりかんみ》」（新潟県長岡市・越《こし》乃《の》雪《ゆき》本《ほん》舗《ぽ》大和《やまと》屋《や》）**も忘れられない。今から二〇年ほど前に創製された菓子で、栗羊羹と似ているが、ひと味違う風味が人気を呼んでいる。

越乃雪本舗大和屋は、安永七年（一七七八）の創業。店名からもわかるように、日本三名菓「越乃雪」を販売する老舗だ。百銘菓の一つとして推す「栗甘美」は、一〇代目当主の岸洋助さんが、看板菓子の「越乃雪」に続く代表的な銘菓として創製した。

つくり方は、国産の生栗をふかし、果肉をほぐして砂糖を混ぜ、まとめるために少々のデンプンを加える。それを丁寧に煉り上げ、型（枠）に入れて押し固めると出来上がる。口にすると、乾湿ほどよい濃厚な栗本来の風味が舌に満ち広がる。聞けば、「寒天を一切入れないので、羊羹ではありません」。だから「羹」ではなく「甘」の字を当てたそうだ。

原材料の国産栗は高いので値はやや張るが、栗そのものの濃厚な旨みがたっぷりと堪能できる絶品だ。秋冬限定でつくられる商品で、例年一〇月一日～翌年四月末の発売である。取り寄せも可能なので、ぜひ味わっていただきたい。

長寿芋――誰もが好きになる芋菓子

秋の旬となると、サツマイモも無視できない。江戸時代初期、中国から琉球（沖縄）へ

と伝わった唐芋《からいも》が、琉球芋や薩摩芋と名を変え、全国各地に広まった。現在は品種改良によって、安納芋、紫芋、金時芋、紅はるかなど、甘みや色合い、食感が格段に進化した。お菓子にもずいぶん使われるようになった。

とりわけ芋菓子に向いているのが鳴門金時《なるときんとき》。栗にも勝る甘みと美しい黄金色で、畑に海砂が混じる鳴門から吉野川河口にかけての一帯が主産地である。「なると金時」は、徳島県内の指定地域で生産されたものだけが名乗れる登録商標で、通常のサツマイモと比べると二倍近い値がつく。

この芋を贅沢に使ったのが**「長寿芋《ちょうじゅいも》」（滋賀県近江八幡市・たねや）**である。例年八月下旬～一〇月下旬のみ製造の逸品で、紅色の皮が鮮やかでやわらかい。自然のままにほくほくとして、体にやさしい甘い芋餡は、すっきりしたニッキの風味により引き立つ。ずしりと重く、食べ応えがある。趣のある籠入りなので手土産にもいい。発売期間中に敬老の日があるので、菓名のごとくお年寄りへの手土産にも喜ばれるだろう。

製造販売の期間が二か月前後と長くないので、つい買い損ねてしまうので注意したい。芋本来のやさしい甘さは、誰にも好まれること請け合いだ。

店の創業は明治五年（一八七二）。七代目が種屋から菓子業へと転進し、栗饅頭と最中を製造販売。のちに「たねや」と改称し、大いなる飛躍を遂げている。

空也もなか——焦がし皮がたまらない名物最中

これほどインターネット通販が隆盛を極める時代でも、全国には、その店に行かなければ食べられない銘菓がまだまだ多い。数量が限られていて、予約するか並ばなければ手に入らない菓子もある。なかでも、三〜四日先まで予約がいっぱいの超人気で、入手困難な逸品として知られるのが**「空也《くうや》もなか」（東京都中央区・空也）**である。

東京を代表する名物最中として、異論をはさむ者はおるまい。瓢簞《ひょうたん》形をしたもち米粉

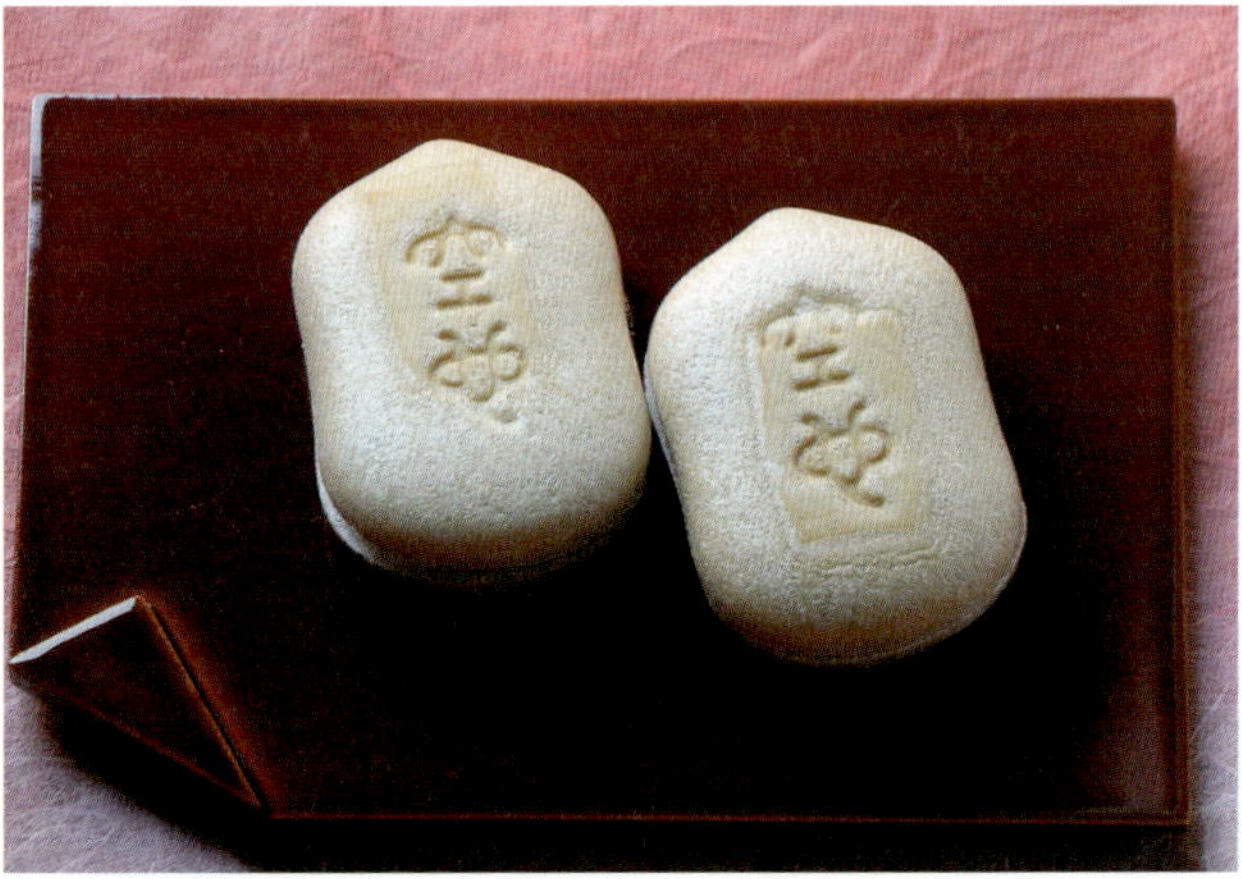

の焦がし皮の中には、北海道十勝産小豆のつぶし餡がたっぷりと入っている。バリッとした食感に近いしっかりめの皮を嚙《か》み、照りのいい餡を見つつ味わうと、異なる食感が一つになって、ほどよい甘さを醸し出す。つくりたてのパリパリ皮はもちろんだが、皮と餡がなじんでくる三〜四日後にいただくのも、また別の風味を増しておいしい。

店は明治一七年（一八八四）に上野・池之端で開業している。初代が、友人の九代目市川團《だん》十郎《じゅうろう》を訪ねた折、火鉢の火で焙《あぶ》った最中を出されたことがヒントとなり、特徴である焦がし皮が生まれたという。

戦災に遭い、昭和二四年（一九四九）に銀座・並木通りに移転。林芙美子ら多くの文人からも愛された。

四代目当主夫人の山口公子さんが「つくった当日にお渡しするため、日時指定でご来店いただいております」と恐縮するように、店内には事前予約の受け取り客が絶えない。店名は初代が関東空也衆の一人で、仲間の援助で店を始めたことによる。最中の瓢箪の形は、空也念仏で叩く道具にちなんでいる。

八雲小倉――入手困難のカステラ羊羹

入手困難で売り切れ御免の銘菓といえば、**「八雲小倉《やくもおぐら》」（島根県松江市・風月堂）**も負けてはいない。

松江は、かつて藩主で茶人としても名高い松平治郷《はるさと》（不昧《ふまい》）が治め、国宝天守閣や武家屋敷の面影を残す旧城下町である。いまも茶の湯が盛んなことから、京都や金沢と並んで、日本三大銘菓の町といわれている。町には数多くの銘菓店が並ぶが、そのなかで、喧伝を望まず、商いも控えめなのに、午前中に売り切れてしまう人気の銘菓がこれである。

ずしりと重い小倉餡を、ふんわりとした小麦粉生地で上下にはさんだカステラ羊羹である。餡は高級な大納言小豆を使用し、粒が残るよう煉られている。焦げ色のカステラ生地は、

手すき和紙にのせて焼くので群雲《むらくも》のよう。両者がしっくり溶け合って、風味を引き立て合う。

注文を受けてから、羊羹のように一棹ずつ切り分けて竹皮に包む昔ながらの製法が人気で、これが目当てのファンも多い。午前中に訪ねても売り切れで買えなかったことが二度もあり、悔やんだことがある。電話予約をするか、朝のうちに店に行くことをお勧めする。

創業は明治一九年（一八八六）のこと。松江の中心街の京橋川のほとりに立つ白壁造りの店内には、板画家・棟方志功《むなかたしこう》の自筆の額が掛かる。初代当主の中西万作は、柳宗悦《やなぎむねよし》や河井寛次郎ら民芸運動家とも親交があった。何度でも味わいたい、私が贔屓《ひいき》にしている秀菓である。

シャルロット・オ・ショコラ——うっとりのチョコケーキ

日本人の嗜好品のなかで、時代とともに大きく変わったものといえば、食の洋風化であろう。菓子の分野でいえば、クリーム、バター、チーズなどの乳製品を使ったものが多くなった。また、チョコレートはそれ自体が商品となり、バレンタインデーの需要は異常に近いものがある。日本は世界でも有数のチョコレート消費国だ。

もちろん、土産銘菓としても外せないアイテムになった。その一つに、私が福岡の友人から手土産にもらって感激した**「シャルロット・オ・ショコラ」（福岡県福岡市・パティスリーイチリュウ）**がある。

この焼き菓子に使用されているのは、最高のカカオ純度を誇るクーベルチュールに、生クリームだけを混ぜたチョコレート。チョコスポンジ生地は、ふんわり、しっとり、滑らか。まるで生のチョコレートケーキのようで、香りと多様な食感の甘さにうっとりする。

グラン・パティシエの佐久間孝さんは、この道五〇年近くのキャリアをもつ、福岡県が指定する「現代の名工」である。二〇〇〇年にドイツで開かれた「世界料理オリンピック」では銀メダルを受賞するなど、多くの受賞歴がある。その佐久間さんは「素材の旨みや特性を追求し尽くした一品」と自負する。

リボンを掛けたパッケージもしゃれていて、地元では結婚披露宴の引き出物としても使われる。日保ちは二週間と長めで、さほど値が張らないのもうれしい。博多駅や空港の土産売り場では見かけないが、取り寄せのほか、九州北部の一部店舗で買える。

グーテ・デ・ロワ ソレイユ──シリーズ最高峰の限定品

チョコレート菓子でいえば、**「グーテ・デ・ロワ ソレイユ」（群馬県高崎市・ガトーフェスタハラダ）**も心ひかれる逸品である。

ガトーフェスタハラダは、明治三四年（一九〇一）、和菓子店としてスタートし、戦中に

製パンを始め、後年、ガトーラスクで大ブレイクした。そのガトーラスクに、カカオ純度の高いクーベルチュールチョコレートをコーティングしたのがこの菓子である。

同店には、ガトーラスクにチョコレートをのせた「グーテ・デ・ロワ」シリーズがあるが、「ソレイユ」はその最高峰。黄褐色をまとった高級なコクのあるブロンドチョコレートとサクサクの歯応えのラスクが混じり合って、贅沢極まる旨みを醸し出す。かすかな塩味が、上質でまろやかな甘さを引き立てる。

菓名の「ロワ ソレイユ」には、フランス語でルイ一四世を指す「太陽王」の意味がこもる。まさにガトーラスクの王者とでもいうべき風格が、舌に伝わってくる。冬季限定の商品で、例年一一月～翌年四月下旬の限定販売である。同社のガトーラスクが好きな方は、ぜひとも味わっていただきたい。

道喜粽――一子相伝の風雅な節句菓子

ところで、「死ぬまでに一度は食べたい銘菓」となると、どうしても歴史の長い京都や東京の店が有利になる。なかでも私が忘れられないのは、「**道喜粽**《どうきちまき》」（**京都府京都市・川端道喜**）である。当日に店で買えず、予約したうえで翌日に再訪したことを思い出す。

創業は文亀三年（一五〇三）とすこぶる古い。武士だった初代が、渡辺家に婿入《むこい》りして渡辺道喜と名乗り餅を商いにすると、京都御所に「御朝物《おあさもの》」と呼ばれる稲餅を毎朝届けた。現在も御所建礼門東横にある道喜門は、その専用門だったと伝わる。四代の頃、店が御所そばの川べりにあったので、いつしか川端道喜と呼ばれるようになったという。

さて、「道喜粽」である。粽は「茅巻」とも書き、古くから端午《たんご》の節句に食べる習慣がある。外観は、笹の葉で円錐《えんすい》形に包まれ、イグサでくるくる締めて束ねたもの。その中には、吉野葛と砂糖を練り上げた、白くて半透明の「水仙粽」が入る。これを熱湯でゆがいてつくる、一子相伝の餅菓子である。このほか、葛にこし餡を練り込んだ小豆色の「羊羹

粽」もある。いずれも絶品として名高い。
しっとり舌にからむような食感から、穏やかな甘さが広がる。子どもが喜ぶというより、大人にうれしい上品なおいしさだ。一度食べると記憶にこびりついて、また食べたくなる。一月や八月は製造しないので注意されたい。
三〜五枚の笹とイグサを使って一本一本手作業で巻かれたその姿は、解くのがためらわれるほど端正で美しく、日本美を伝える民芸作品のようである。土産銘菓というよりは、自分のために買い求めたい逸品である。

花園万頭――日本一高く、日本一うまい

饅頭といえば、せいぜい二〇〇円程度で買うことのできる、庶民的な菓子の代表である。だ

が、東京には自ら「日本一高い、日本一うまい」の看板を掲げる店があることをご存じだろうか。税込みで一個三七八円もする**「花園万頭《まんじゅう》」（東京都新宿区・花園万頭）**がそれである。

中に入る餡は、粒選りの北海道産大納言小豆で、氷砂糖、和三盆糖を煉り上げたもの。それを包む生地は、大和芋と小麦粉を秘伝の配合で混ぜたこだわりのものだ。もちっとした皮と上品な甘さの餡とが、実にしっくり和み合う。

竹の皮を巻いてあるのは、乾きを抑えるためもあるだろう。細長い俵形なので食べやすく、色白で皮の艶がよく、そこはかとなく風雅な気配がある。特注商品で数量限定。一〇個入りだと四〇〇〇円を超えるが、このおいしさと値段を知っている人には、手土産として大いに喜ばれるだろう。

花園万頭は、天保五年(一八三四)の金沢に始まる菓子店で、東京に進出したのは三代目の時と伝わる。青山、赤坂を経て、昭和五年(一九三〇)に新宿に移転した。

この饅頭は、工夫を重ねて創製した自信作。ほど近い鎮守社の花園神社にあやかって、「花園万頭」の名を付け、通常の饅頭の二倍ほどの値段で発売したところ、大いなる評判をとったという。手土産にも好都合だが、まずは自分で賞味したい銘菓である。

七代目当主は新しい菓子づくりに意欲的だったが、二〇一八年五月末に破産申請がなされた。報道によれば、店舗での営業は継続する見込みだという。二〇〇年近い同社の歴史が途絶えないよう、名物菓子が消えないよう願うばかりだ。

どら焼（京都府京都市・笹屋伊織）

第2章

原点を伝える逸品銘菓20（上）

饅頭・羊羹・最中・煎餅・どらやき

ひと口に「銘菓」といっても、その世界は多種多様である。

だが、本書の主旨とする土産銘菓にふさわしい菓子は、饅頭、羊羹、最中、煎餅、どらやき、きんつば、村雨、落雁、飴、餅の一〇種だろう。ここでは、第2章と第3章の二回に分け、そのジャンルの原点とでも称すべき逸品を紹介するとともに、それぞれの菓子の歴史や現況を展望していきたい。

なかには、発祥が定かでないものもあるが、文献や資料によって歴史をたどっていくと、おぼろげに見えてくるものもある。知れば味わいもひとしお深く、愛おしさも深まってくるだろう。

志ほせ饅頭——天皇や将軍が愛した饅頭

日本のお菓子のなかで、最も数が多いといわれるのが饅頭である。

饅頭は、全国の菓子店で毎日のようにつくられている。名物饅頭も数多くある。饅頭は冷めてもおいしく、日保ちも三〜四日、一個一〇〇〜二〇〇円という安さも魅力である。つくる側からすれば、丸める手のひらと蒸し器さえあれば、型や器具が不要。こうした手軽さも隆盛の理由にちがいない。

そんな饅頭の原点は、二つに大別される。すった山芋を小麦粉のつなぎにした「薯蕷《じょうよ》饅頭」、米麹《こめこうじ》からつくった酒種を小麦粉に混ぜた「酒《さか》饅頭」だ。どちらの材料も、ふっくらと膨らむ性質をもつために用いられ、中国から渡来した点でも共通する。

　薯蕷饅頭は、貞和五年（一三四九）、日本の留学僧が中国から帰国するのと一緒に渡来し、奈良に移り住んだ林浄因《りんじょういん》を始祖とする**「志ほせ饅頭」（東京都中央区・塩瀬総本家）**が始まりといわれる。中国にある饅頭（まんとう）の肉を小豆などの餡に代え、日本で初めて餡入りの饅頭をつくったという。のちに林浄因の子孫が中国へと赴き、山芋を混ぜた皮で餡を包む製法を持ち帰り、薯蕷饅頭を売り出した。

林氏は、応仁の乱（一四六七〜七七）を逃れて移り住んだ三河国塩瀬村（現・愛知県新城市）にちなみ、のちに「塩瀬」を名乗った。天皇より五七の桐の御紋を許され、将軍・足利義政から直筆の「日本第一番本饅頭所」の金文字看板を賜る。

以前、金文字の大きな木看板が掛かる本店を取材した際には、三四代を継いだ当主の川島英子さんが、ご高齢だったが自ら気さくに対応してくださった。

志ほせ饅頭の皮は、水を一切使わず、大和芋、上新粉、砂糖だけで練られている。その皮で包まれる餡は、北海道十勝の特約農家直送の小豆餡。窯でじっくり蒸されると、ふんわりとした皮と、上品な甘さのきめ細かなこし餡がしっとり合わさって、極上のおいしさを醸し出す。一口大の大きさだが、丸ごと頬張らずに半割りにして、目と鼻で感じながら味わいたい。現在も熟達の職人の技と勘による手づくりを続けている。

始祖の林浄因は、渡来して最初に住んだ奈良中心街の漢國《かんごう》神社境内にある林《りん》神社に祀られている。饅頭・菓子の祖神として、全国の菓子業界から信仰を集める存在だ。私は、命日の四月一九日に毎年催される饅頭まつりに参列したことがある。全国の製菓店からの奉納菓子がずらりと並ぶ境内に、菓子業界のお歴々が一堂に会し、恭《うやうや》しく神事が執り行われる。式典終了後は、一般の参拝客にもお茶と薯蕷饅頭が振る舞われた。

ちなみに、奈良県には「林」の文字（篆書《てんしょ》）と鹿の絵の焼印が愛らしい「奈良饅頭」（奈良県奈良市・千代乃舎竹村）がある。浄因をしのんだ銘菓で、通年製造販売されている。ほっこりした餡と焼き皮が香ばしく、饅頭発祥の地を語り伝えている。

虎屋饅頭――惚れ惚れとする酒饅頭の元祖

一方の酒饅頭は、南宋から帰国した聖一《しょういち》国師が、仁治二年（一二四一）、「虎屋」の屋号をもつ博多の茶屋主人に製法を伝えたことに始まる。その饅頭が、室町時代後期に京都で創業した「とらや」の酒饅頭**「虎屋饅頭」（東京都港区・とらや）**へとつながる。

同店には、聖一国師が茶屋の主人に書き与えたといわれる「御饅頭所」の看板が伝わる。また、国師が開いた博多の承天寺には、この看板をもとにした石碑が建立されている。

とらやの酒饅頭は、独自の腰高で丸みが美しい。もち米と麹を使った元種は、じっくりと時間をかけて仕込まれている。酒がほのかに匂う弾力のある皮、滑らかで上品な甘さのこし餡。これらの絶妙な取り合わせは、惚れ惚れとする味わいである。

いつでも食べられるものではないことに注意したい。京都と東京のとらやでは、気温が麹の発酵に適している一一月から三月までしか製造発売しない。この伝統を守り通すのは、老舗の矜持と良心だろう。

湯乃花饅頭——温泉饅頭の茶色を考案

ところで、数ある饅頭のなかでも最も身近なのは、温泉地なら決まって売られている「温泉饅頭」ではないだろうか。温泉熱で蒸すわけでもなければ、生地に温泉を練り込むわけでもない。にもかかわらず、誰もそのネーミングに異議を唱えることなく、皮や包装の温泉マークに誘われて買い求める。それでいて味に大きな外れがない、不思議な存在の菓子である。

饅頭といえば普通は白皮が多いが、温泉饅頭はほとんどが茶色である。その発祥店の定説になっているのが、伊香保《いかほ》温泉の石段街の最上段に近い一角にあり、開店前から客が並ぶ**「湯乃花饅頭」（群馬県渋川市・勝月堂）**である。

きっかけは鉄道の開通だった。渋川〜伊香保間に伊香保電気軌道が開業する際に、地元の古老が、勝月堂の初代店主半田勝三氏に名物饅頭づくりを進言した。試行錯誤の末、黒糖を使うことによって、伊香保の湯に似た茶褐色の皮を生み出すことに成功した。

四代目を継ぐ半田正博さんは、「ブレイクしたのは昭和九年（一九三四）のこと」と話す。「陸軍特別大演習で群馬にお成りになった昭和天皇が、大量にお買い上げくださったことで、評判が広がったと聞いております」。そののち、全国の温泉地がこれに倣ったことにより、茶色の皮が温泉饅頭として広まったといわれている。

勝月堂の饅頭は、ほんのりもちっとしたつっぱり気味の皮と、しっとりと甘いこし餡のほどよい割合が魅力。手づくりなので形が不ぞろいで、添加物不使用なので日保ちは三日。ほかの温泉地では「温泉饅頭」と呼ぶのに、伊香保では、ほとんどの店が「湯乃花」の名を通す。元祖ゆえの自負だろう。

伊香保では饅頭店が九軒、近くの草津では十数軒が競い合う。草津では、大正三年（一九一四）創業の「満充軒さいふ屋」が評判で、正午前には売り切れ御免の人気店だ。

極上本煉羊羹――五〇〇年余の歴史を誇る煉り羊羹

羊羹は饅頭と並んで古く、やはり中国から伝わった。点心の一種、羊肉の羹《あつもの》（汁物、スープ）から発祥した菓子といわれる。日本では、仏教の戒律で動物性の肉が禁忌されたので、肉に代えて小豆・小麦粉・葛粉などをまとめて、汁に浮かせた蒸しものがつくられた。

羊羹は大別すると蒸し羊羹、煉り羊羹、水羊羹の三種になる。原材料は、小豆、寒天、砂糖の三点だけ。素材選びと職人の腕が、味の決め手になる。

なんといっても主流は煉り羊羹。小豆と寒天と砂糖を混ぜ、煮詰めて煉り上げたものを、大きな羊羹舟（容器）に流して固める。羊羹のことを、さほど細長くもないのに「棹物」と呼ぶのはなぜだろうか。ある職人さんに訊くと「舟には棹が付き物だからではないか」と話してくれたことがある。なるほど、粋な呼び名である。

煉り羊羹は、寛正二年（一四六一）、京都郊外で饅頭処として開業し、のちに伏見城正門前に店を構えた「鶴屋」が発祥といわれる。五代目の岡本善右衛門は、聚楽第《じゅらくだい》での大茶会に際して、蒸し羊羹を改良して「伏見羊羹」をつくった。これが秀吉に賞讃された。

その後、知遇を得ていた徳川頼宣（家康の十男）が和歌山藩祖として入封する折、誘われて和歌山に移転する。緑を与えられて駿河屋の屋号を賜ると、研究に研究を重ね、六代目善右衛門が寒天を用いる製法で、慶長四年（一五九九）に**「極上本煉羊羹」（和歌山県和歌山市・総本家駿河屋）**を創製した。

この羊羹は、ほんのり透明感を感じさせる美しい紅色で、コシが強く、歯応えがしっとり。同じく銘品で漆黒の煉り羊羹・大納言とともに、上品な甘さの風格ある羊羹である。先年、ひととき経営が途切れたが、うれしいことにさほど時を経ずして復活している。

煉り羊羹は、和菓子の代表格といえよう。したがって、全国各地に数多く存在するため枚挙に暇《いとま》がない。第1章で述べたように、佐賀県小城市は、二キロメートル四方の市街地に二十数軒の店が共存共栄している羊羹の町である。

追分羊かん——徳川慶喜が好んだ蒸し羊羹

一方の蒸し羊羹は、点心から自然発生的に生まれたせいか、確たる発祥伝説がないようだ。水分が多く、日保ちもしないので、家庭など手近な範囲でつくり、食べられたことによるのだろうか。

そんななかで、商品として長い歴史を誇るのが、元禄八年（一六九五）開業の東海道江

尻宿の外れの茶屋で生まれた**「追分《おいわけ》羊かん」（静岡県静岡市・追分羊かん）**である。小豆、小麦粉、砂糖を蒸し上げたもので、むっちりしているものの、さっぱりとした甘さ。竹皮のまま切り分けて食べる。静岡で二〇年ほど隠居した一五代将軍徳川慶喜が足繁く通ったという。

　そのほかに蒸し羊羹として外せないのは、室町時代、島津侯が京都から伝えたとされる「木《き》目羹《もくかん》」（鹿児島県鹿児島市・坂上文旦堂）だ。切り口の模様が実に美しい。また、近江商人の町で生まれた「でっち羊羹」（滋賀県近江八幡市・和た与）も佳品の一つ。福井県でつくられる「丁稚《でっち》羊羹」は、近江銘菓とは異なる水羊羹なので注意されたい。

壺形最中――明治維新を乗り越えて

最中とは、もち米を水でこねて薄くのばして蒸し、適当な形に切り取って焼いたパリパリの二枚の皮で、餡をはさんだ半生菓子のことをいう。

饅頭や羊羹に比べてその登場は遅く、江戸後期の文化年間（一八〇四～一八）創業の竹村伊勢（江戸・吉原）が「最中」を名乗った始まりといわれる。その店はもう存在しないが、もち米を水で練り、蒸して薄くのばしたものを丸く切って焼き、砂糖をまぶしたものだったらしい。花街の遊女たちにも大変人気があったという。

その後、明治期に入ると、金型技術の進歩により種皮づくりが容易になったため、現代のような多彩な最中が出現することとなる。

とりわけ大ヒットしたのが、寛永年間（一六二四～四四）に饅頭屋として創業した壺屋が、明治時代になって売り出した**「壺形最中」（東京都文京区・壺屋總本店）**である。

焦げ色の皮はつぶ餡入り、白い皮はこし餡入り。十勝産小豆の風味が豊かな逸品だ。パリッとした種皮としっとり煉られた餡は、一つに溶け合うような感じのおいしさ。一八代当主の入倉喜克さんは「同時に溶け合うのがいい最中」と代々伝えられてきたという。

客足が絶えない店内には、幕末から明治初期に常連だった勝海舟直筆の「神逸気旺《しんいつきおう》」の

扁額が掛かる。明治維新で幕府が倒れた時、壺屋の得意先には徳川御三卿や幕臣が多かったため、新政府との商いを潔しとせず、店仕舞いをしたところ、「こだわらずに続けよ」という勝海舟の言葉で継続したそうである。明治維新一五〇年がなんだか近くに感じられる。

そもそも「最中」とは真っ盛り、進行中の意味である。菓子の種類の一つとなったのは、平安時代の歌人・源順《みなもとのしたごう》が詠んだ歌による。

水の面《おも》に照る月なみをかぞふれば今宵ぞ秋
の最中なりける

最中を中秋の名月に見立てているわけで、当初の最中皮は丸型だったことから、菓子の品目として定着した。

最中の餡は、饅頭などと比べて水分が少なく硬めだ。それは、餡の湿り気を種皮に移りにくくすることで、皮のパリパリとした食感を長く保つためである。とくに、金沢の和菓子店で正月用につくられる縁起菓子の最中「福梅」の餡は、水分が極めて少なく硬めで、日保ちもする。

そうした例外をのぞけば、最中の命は、パリパリで湿気はないがぽろぽろと崩れない香ばしい皮と、しっとり、ふっくら、滑らかな餡の一体感にあると言える。

そこで最近では、皮と餡を別々に包装して、食べる時に自ら餡をはさむ「手づくり最中」が多くなった。最初に考案したといわれるのが、昭和四八年（一九七三）の「菊あわせ」（大阪府大阪市・菊屋）である。店は天正一三年（一五八五）創業だ。

合わせたてのパリッとした皮は、確かに香ばしくておいしい。しかし、合わせてから四〜五日後に、皮と餡がなじんでくる頃合いもまた絶妙の味がある。好みの味わいを見つけてもらいたい。

亀の甲せんべい――艶よく甘く砕ける逸品

煎餅は、最も大衆的な土産菓子といえるだろう。小麦粉、米粉、ソバ粉などを主原料に、丸、四角、六角、小判形と形はさまざま。甘いもの、辛いもの、しょっぱいものなど、味にもいろいろある。軽くて、日保ちがして、値段が手ごろとあって、幅広い層に好まれてきた。

煎餅の歴史は古い。正倉院文書には、唐菓子として「煎餅」の文字が見え、また承平年間（九三一〜九三八）に成立した『倭名類聚抄《わみょうるいじゅしょう》』にも記述があることから、奈良・平安時代には日本に伝わっていたとされている。

ただ、日本における煎餅づくりの始まりは平安時代で、唐に渡って真言密教を修得した空海（弘法大師）が、帰国後、山城国小倉里の和三郎に製法を伝えたというのが定説になっている。米粉と葛粉に果物の糖液を混ぜて焼いた亀甲《きっこう》形の煎餅である。

現代の煎餅に近いものがつくられるようになったのは、江戸時代初期のこととされる。京、堺、江戸で、米粉を蒸して焼いた塩煎餅が登場する。火鉢を持ち歩き、目の前で焼いて売る行商も現われたという。さらに、鋳物製の焼き型が流通した江戸中期以降は、全国各地で名物煎餅が続々出現する。

同じ頃、文久二年（一八六二）創業の菓子店から**「亀の甲せんべい」（山口県下関市・江戸金）**が売り出される。小麦粉、卵、砂糖、白ゴマ、ケシの実を合わせた生地は、焦げ色の艶もよく、歯応えがパリッとして香ばしい。甘さがやわらかく砕ける逸品だ。生地の配合は創業当時のままだという。

江戸金の名は、江戸に生まれ、長崎で南蛮菓子を学び、下関にて開業した増田多左衛門（幼名・金次郎）こと「江戸から来た金さん」に由来する。商品名にある「亀の甲」は、下関の氏神・亀山八幡宮にちなむが、空海の伝承にもつながる。昔懐かしい楕円形の缶入りは、手土産に喜ばれること間違いない。

源兵衛せんべい——草加煎餅の元祖的存在

ところで、煎餅の原材料には日本列島の東西で大きな違いがある。

関西では小麦粉を使うのが主流で、小麦粉、砂糖、鶏卵、蜂蜜を練ったカステラ生地を、鉄板の上で反りをつけて押し焼きする瓦煎餅が多い。瓦煎餅で名の知れた店を挙げるならば、明治元年（一八六八）に菊水總本店が神戸で創業している。

関西では小麦系が主流なのに対して、関東の煎餅は米を原料とするものが多い。代表的なのは、旧日光街道の宿場でもある埼玉県草加《そうか》市だろう。草加駅前には、煎餅を食べる少女像や煎餅を焼く女性おせんさんの像があり、町には六〇軒ほどの煎餅店が点在する。その始まりは、団子が評判の茶店を営むおせんという女性が、ある日、通りすがりの武士に「団子を乾かし、のばして焼き餅にしてはどうか」と言われたことによると伝わる。

なかでも元祖を名のるのが、明治三年（一八七〇）創業の**「源兵衛《げんべえ》せんべい」（埼玉県草加市・豊納源兵衛）**である。この店の煎餅は、粉にしたうるち米と熱湯を合わせ、よく練って蒸したのちに、餅のようについたものを丸く型抜きする。これを乾燥させて、鉄板の上で押し焼きし、刷毛で生醤油を塗る。バリッと硬く、醤油の焦げた匂いが香ばしい。昔ながらの手焼きも続けている。

ちなみに、もともと草加煎餅は塩煎餅だった。醤油に変わったのは、近くの千葉県野田の醤油が手に入りやすかったからだという。

どらやき――ふっくら系どらやきの代表格

どらやきは、小麦粉に鶏卵や砂糖を混ぜ、ふんわりと焼いたパンケーキ風の二枚の皮で、餡をはさんで軽く押さえた焼き菓子である。皮はふっくらだが、蜂蜜を加えればしっとりとし、もち米を混ぜるともっちりと変化する。

発祥や名称の由来にはいくつか説があって定かではないが、江戸時代の随筆『嬉遊笑《きゆうしょう》

覧《らん》』には「今のどら焼は又金鐔《きんつば》やきともいふ」という記述がある。また、「どらとは形金鼓《こんぐ》に似たる故鉦《どら》と名づけしは」とも書かれ、大きいものをどらやき、小さいものはきんつばと呼ぶとある。

　ふっくらとした生地といえば、**「どらやき」（東京都台東区・うさぎや）**が名高い。うさぎやは、大正二年（一九一三）、東京は上野で創業。やや厚めのふっくらとしたカステラ生地で餡をはさんでおり、この形のどらやきを代表する店となった。このどらやきの登場以来、各地で同じようなものがつくられるようになったという。

　うさぎやのどらやきは、まんべんなくきれいな黄金色に焼かれたふんわりの皮と、煉り切らずに粒を壊さない小豆餡との、色合い、香り、食感の調和が絶妙で、そこはかとない旨みに魅了される。来客の絶えない人気ぶりなので、予約が賢明だろう。インターネット等での取り寄せもできない。

北海道には、大納言小豆のつぶ餡が見事な函館の千秋庵総本家がある。こちらも「どらやき」と称している。

ところが、関西では同じものを「三笠山」や「三笠」と呼ぶ。その由来は古く、留学生として唐に渡り、ついぞ日本に帰国できなかった阿倍仲麻呂《あべのなかまろ》の歌にある。

天の原ふりさけ見れば春日なる三笠の山に出でし月かも

ここに詠まれた、奈良県の三笠山（若草山）は、ふんわりとなだらかな稜線が特徴である。茶色の皮は、確かに山焼きの後の山肌に似ていなくもない。

どら焼――東寺ゆかりの銘菓

二枚の皮で餡をはさむどらやきとは似ても似つかないが、同じ呼び名の**「どら焼」（京都府京都市・笹屋伊織）**は、京都でよく知られる代表的銘菓だ。

薄皮は、蜂蜜や水飴などを混ぜた小麦粉の生地を焼いたもので、そこに棒状に練ったこし餡をのせ、年輪のように幾重にも巻き込む美しい棹物だ。もちもちっとした歯触りで、丸芯状に収まったあっさりした甘さのこし餡が、舌の上で快い風味を漂わせる名品だ。類似商品がまったくないので、これ一つで存在感を示すことができる。笹屋伊織は、享保元年（一七一六）創業の老舗である。

味はもとより、円筒形にして竹皮と真っ赤な巻紙でくるみ、手にぶら下げることのできる趣向も独創的。差し出す相手にも決まって珍しがられ、喜ばれること請け合いである。

一五〇年ほど前、五代目当主が、空海開基の東寺の僧から依頼を受けて考案したという。お寺でもつくれるように、銅鑼《どら》の上で焼いたのでこの名がついた。評判はたちまち広まり、店に多くの人が押しかけてきて、てんてこ舞いになったという。そこで、弘法大師の命日にあたる毎月二一日に限って、製造販売することにした。

それがいっそう評判を高め、その後は二一日をはさんだ三日間、すなわち毎月二〇日〜二二日だけ販売するようになった。時々、催事などで扱うことはあるものの、買うことのできる日時と場所が限定された銘菓である。機会をみつけて味わっていただきたい。

梅花むらさめ（大阪府岸和田市・小山梅花堂）

第3章

原点を伝える逸品銘菓20（下）

きんつば・村雨・落雁・飴・餅

名代金鍔――舌先に響く小豆の香ばしさ

きんつばとは、小麦粉を水で溶いて焼いた薄い皮で、小豆餡を包んで厚みのある丸形や四角に整え、鉄板で焦げない程度に各面を焼いてつくる焼菓子をいう。

京都には「銀つば」と呼ばれる焼き餅があった。米粉の皮で餡を包み、鉄板で焼いて花模様をつけたものである。それが江戸に伝わったのは、享保年間（一七一六～三六）のこと。と同時に、皮が米粉から小麦粉に代わって薄くなり、中の餡が透けて見えるほどになった。名称も「銀よりも上」と「金」に変えられ、刀の鍔《つば》を模した形に人気が高まったという。

文化年間（一八〇四～一八）には、吉原の土手で売られたきんつばが遊女たちの間でも大評判で、「年期増しても食べたいものは土手の金鍔さつま芋」と都都逸《どどいつ》に唄われた。同じ頃、日本橋で売り出されたのが**「名代《なだい》金鍔」（東京都中央区・榮太樓總本舗《えいたろうそうほんぽ》）**で、江戸のきんつばの発祥とされる。

店長の話では、細田安兵衛（幼名・榮太郎）が、日本橋魚河岸に集まる客を相手に、屋台で焼いて売り歩いたのが始まりという。きんつばのおいしさと律儀な商いぶりから「親孝行の金鍔」と評判を呼ぶ。その収益で日本橋西詰の一等地に出店できた。榮太樓の創業は安政四年（一八五七）のことである。

初代から一六〇年余続く名代金鍔は、小麦粉の薄皮で小豆餡を包み、ゴマ油をひいた銅板で丸く焼き上げる昔ながらの製法を、自信と誇りをもって守っている。お茶を飲みながら口にすると、つぶ餡のおいしさがいっそうしっとり、ほろりと舌先に響く。

元祖高砂きんつば——飽きの来ない小豆の甘さ

刀の鍔に見立てて名付けられたきんつばだが、早くから鍔とは似ても似つかない四角いものが少なくなかった。

その一つが**「元祖高砂きんつば」（兵庫県神戸市・本高砂屋）**である。小豆のつぶし餡を羊羹状に流し固めて四角に切り、少量の小麦粉の水溶きを六面に塗って軽く焼き上げたもので、甘

さあっさりで飽きさせない。消費期限が二日と短いので、土産にする際には注意されたい。本高砂屋は明治一〇年（一八七七）の創業である。
なお、きんつばといえば四角が主流だが、発祥の円形きんつばをいまも継承する店が数軒集まる町がある。富山県北西部に位置し、現在は合併して高岡市となった、JR城端《じょうはな》線沿線の戸出町《といでまち》である。同地では、「剣鍔《けんつば》文様付き円型きんつば」が統一商標。小豆餡を固め、薄皮を掛けて丁寧に焼き上げた、見た目は刀の鍔そっくりの品で、近年、地元でも「きんつば」と呼ぶ。

梅花むらさめ——もちもちほろほろの食感

小雨、春雨、梅雨、時雨《しぐれ》、村雨《むらさめ》、驟雨《しゅうう》……
日本語には、雨に関して実にさまざまな表現が

ある。
そのなかの「村雨」は、辞書に「秋の末に時々さっと降る雨」「ひとしきり強く降ってくる雨」とある。和菓子では、小豆と砂糖、米粉を蒸し上げたものを村雨という。口の中で通り雨のようにほろほろと崩れる食感から名付けられた。「時雨」「高麗《これ》」という名称を使う店もある。
菓子の村雨の発祥には確たる説はない。だが、それとおぼしき町が、勇壮なだんじり祭りで名高い大阪・岸和田である。市内の菓子店のうち二〇か所ほどで村雨をつくっていて、食べ比べができる。
なかでも元祖的な存在が、天保一〇年（一八三九）に創業し、岸和田藩御用菓子司を務めた板屋藤兵衛を祖とする**「梅花《ばいか》むらさめ」（大阪**

府岸和田市・小山梅花堂）。店は岸和田城のすぐ近くにある。

江戸中期、この製法による村雨を城主に献上して大いに喜ばれ、のちに岸和田銘菓として広まった。ほろほろとした口当たりだがもっちりとしており、ポッポッと散らした蜜漬けの大納言小豆とともに、穏やかな甘さがお茶に合う。

同じ製法の菓子が、市内の竹利商店では「時雨餅」の菓名で販売されている。なぜだろうか。村雨の菓子が多い岸和田だが、そのまま菓名に名乗れないのは、隣市の貝塚の塩屋五兵衛（塩五）が、明治後期に「村雨」を商標登録しているからである。

京観世――絶妙な餡のしっとり感

村雨を採り入れた菓子としては、大正九年（一九二〇）発売の「京観世《きょうかんぜ》」（京都府京都市・鶴屋吉信《つるやよしのぶ》）が早い。吟味した小豆の小倉羹を村雨で巻き、名水「観世井」の渦巻きを表現している。餡のしっとり感、村雨餡のほろほろしたふんわり感。これらが密に溶け合って、奥ゆかしい甘さを醸し出す。

堀川通と今出川通が交わる角に、京の町家の風雅を採り入れた店構えで、二階にはお休み処と菓遊茶屋がある。鮨屋のようなカウンターでは、菓子職人が目の前でつくる出来た

ての菓子を口にできる。
　鶴屋吉信は享和三年（一八〇三）創業の京都を代表する老舗である。宮家、茶道・華道家元、有名社寺の御用達を務めた名店だ。ちなみに、菓名の由来にもなった名水「観世井」のある観世家屋敷は、能楽発祥の地でもある。

長生殿──風雅の極みにたどり着いた逸品

　一般に「落雁」は、みじん粉に砂糖を混ぜ、型に押し込み、乾燥させて打ち出してつくられる。「打ちもの」の代表である。始まりは明らかでないが、出現は砂糖が輸入された室町末期以降といわれている。

　名称の起こりも定かではないが、白地に散らした黒ゴマの風情が、近江八景の一つの「堅田《かたたの》落雁《らくがん》」を思わせるといわれる。また、献上された菓子を前にした後陽成天皇《ごようぜい》（一五七一〜一六一七）が、「白山の雪より高き菓子の名は四方の千里に落つる雁かな」と詠み、その歌から採ったとの説がある。いずれにせよ、茶菓にふさわしい風雅な由来である。

落雁の原材料は、もち米、うるち米、小麦、大麦、大豆、小豆、粟など多種多様である。しかし、最も多いもち米粉を使ったものの草分けが、**「長生殿《ちょうせいでん》」（石川県金沢市・森八）**といわれている。

地元豪族だった森下屋八左衛門が、前田氏の入府とともに武士をやめ、寛永二年（一六二五）に尾張町で菓子屋を開く。長生殿は、三代藩主前田利常の考案で創製された干菓子で、一般に「日本三名菓」の一つに数えられる。

原材料となるのは、越中・砺波《となみ》平野の良質のもち米粉と阿波和《あわわ》三盆。これらを混ぜ合わせ、篆書体文字の木型で型抜きし、長方形の墨型にする。姿、形、味、いずれも風雅の極み。香り芳しく、上品な甘さが舌を潤す。文字は遠州流茶道の祖・小堀遠州政一の手になるという。

せっかくなので、三名菓の残り二つについても触れておこう。

「越乃雪」（新潟県長岡市・越乃雪本舗大和屋）は、乾・湿のバランスが絶妙で、ほろほろ

とした舌触りの干菓子。一〇代当主の岸洋助さんによると「越後産のもち米を加工した寒ざらし粉と四国の和三盆糖を使っている」という。「山川」（島根県松江市・風流堂）は、ほのかに塩味をきかせた、やわらかくてしっとりした、香り高い落雁である。藩主で茶人の松平不昧公の好みを復活させたという。「その日の天気によって、おちょこ一杯の水加減をするほど神経を遣ってつくる」と四代当主の内藤守さん。

元祖秋田諸越——淡雪のように広がる甘さ

落雁の大きな特徴の一つは賞味期限の長さにある。したがって、仏前の供え物や茶席の菓子として重用される。土産銘菓としての歴史も古く、賞味すると、奥深い甘さに和菓子のよさが

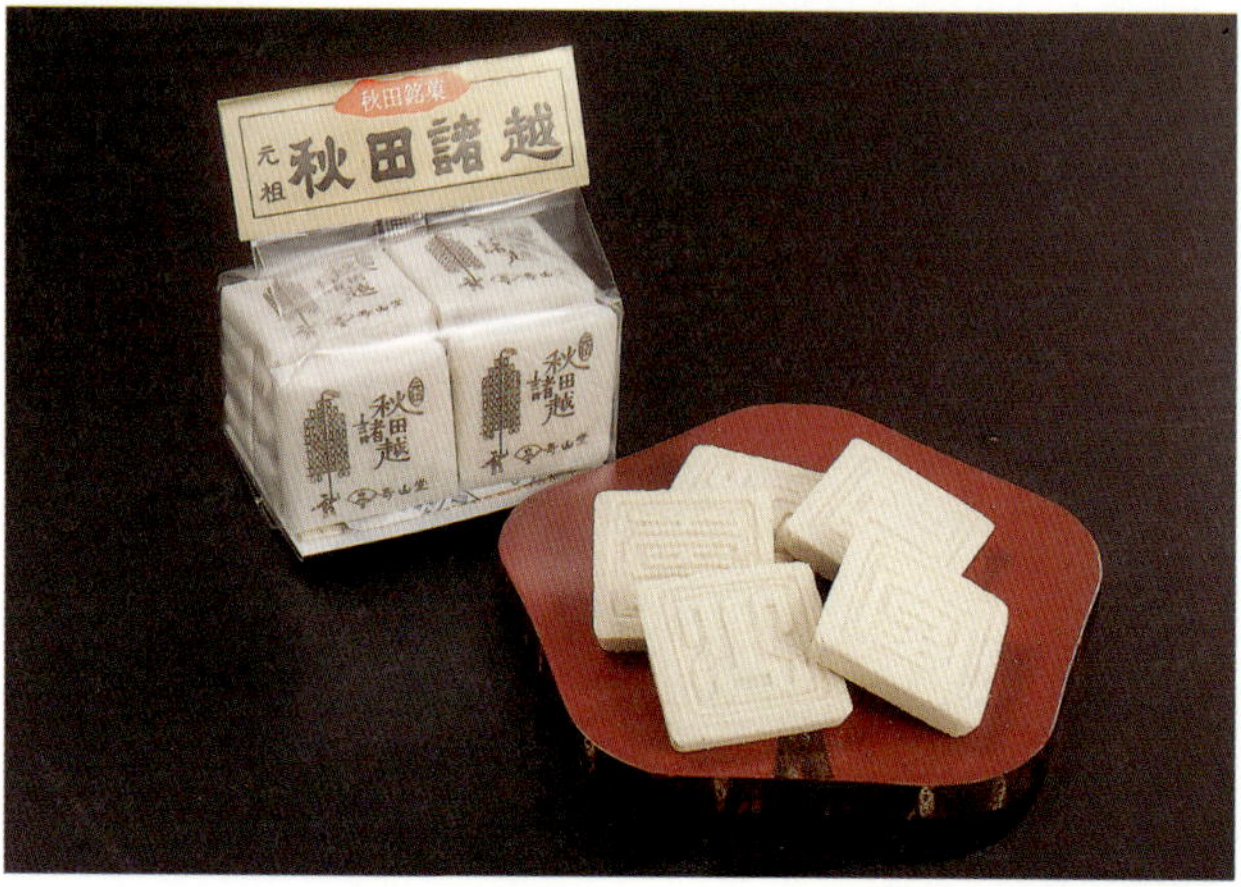

呼びさまされる。

秋田県では小豆粉を固めた打ち菓子を「諸《もろ》越《こし》」と呼ぶ。これは、献上された藩主佐竹公が「この品は諸々の菓子を越えて風味よし」との言葉を残したことに由来する。米粉の落雁と大きく異なるのは、小豆粉を使っていることにある。

その創始と伝わるのが**「元祖秋田諸越」（秋田県秋田市・杉山壽山堂《すぎやまじゅさんどう》）**である。

宝永二年（一七〇五）創業。小豆粉と和三盆糖を主原料とし、型打ちして乾燥させ、和紙の上で裏焼きする。昔ながらの手づくりの技だ。表面がキツネ色で、しっかりと硬いが、砕いて口に放ると、上品な甘さが淡雪のように舌に広がる。

秋田市内では、諸越を「炉ばた」（かおる堂）、「御幸乃華」（菓子舗榮太楼）の名で売っている店もある。秋田県には、諸越の店が三〇軒余りあるという。なお、もろこしと書くが蜀黍《もろこし》粉ではない。

じろあめ――栄養価も高い至高の水飴

私たちは「飴と鞭」「飴をしゃぶらせる」などの表現を用いる。つまり飴は、それほどまでに暮らしに密着している。その原点である水飴は、滋養食品や料理の隠し味としても珍重された。

その証しを伝えるのが、**「じろあめ」（石川県金沢市・俵屋）**である。母乳が出ない母親の「栄養価の高い食品を」という声から生まれた。砂糖、人工甘味料、防腐剤など添加物は一切使わない一子相伝の水飴で、菓名は「どろり」の加賀言葉の「じろり」に由来する。とろりと滑らか、ささやくような甘さである。

店を訪ねると、古い木造二階の建物入口に「あめ」と大書した白い暖簾が下がっている。建物は趣深く、金沢観光に一役かっている。

創業は天保元年（一八三〇）で、一時は市内に二〇軒を数えた飴専門店の唯一の生き残

り。余談だが、二〇一三年に放送されたTVドラマ『半沢直樹』（TBS系列）で取り上げられ、注目された。

そのほか、水飴の名品として知られるものに、「津軽飴」（青森県青森市・武内製飴所）がある。幕末創業の老舗だ。また、「ぎょうせん飴」（香川県三木町・三原飴店）も、創業一八〇年と古い。漢字では「凝煎飴」と書く、まろやかで健康的な自然甘味である。

翁飴――四〇〇年の歴史を誇る店の看板菓子

日本最古の飴屋といわれるのは、寛永元年（一六二四）に創業した髙橋孫左衛門商店だ。同店は水飴の「粟《あわ》飴」から始まり、これに寒天を加えることで、初めて固めた飴をつくり出し

た。それが**「翁《おきな》飴」（新潟県上越市・髙橋孫左衛門商店）**である。

髙橋孫左衛門商店のルーツは、高田藩四代城主・松平光長（徳川家康の曾孫）の入封に従って、越前から移ってきた家臣の髙橋家が開いた菓子屋。一四代当主の髙橋孫左衛門さんは、「三代目が粟飴に寒天を加えて方形に固めた翁羹（翁飴）を、四代目が粟からもち米に替えて、淡黄色で透明な水飴をつくりました」と語る。その水飴が『東海道中膝栗毛』の戯作者・十辺舎一九に「至って上品にて風味よく」と称賛された。

「翁飴」は、透明感のあるきれいなゼリー状。もちっとした食感とともに、穏やかな甘さが評判を呼んで、店の看板菓子になった。また、五～六代の頃には、水飴を白くなるまで煉り、ちぎって熊笹ではさんだ「笹飴」がつくられた。夏目漱石の『坊っちゃん』でもおなじみの逸品で、入れ歯が浮くほど粘りが強い。

同じ高田には、四〇〇〇年以上の歴史を誇る大杉屋惣兵衛の「翁飴」もある。参勤交代の折に幕府への献上品として使われたという。

しかし、この飴よりさらに四三〇〇余年前には、会津若松に翁飴と同種の「五郎兵衛飴」があったとの記録がある。奥州・平泉に逃れる義経・弁慶一行が、同地に立ち寄って飴を食べ、代金一貫文を借用した、という証文が残っている。店は現在も営業している。

御城之口餅――秀吉が大いに喜んだ鶯餅

本章の最後を飾るのは「餅」である。

もともと餅は自家でつくるものだけに、菓子としての発祥が明確ではない。それでも、寛政一〇年（一七九八）頃に成立した『寛政紀聞』という書物には、大福餅をその場で焼いて売り歩くことが、世間で大流行しているとの記述がある。

また、江戸後期の市井風俗などを記した随筆『嬉遊笑覧』には、皮が薄くて餡が多く、丸くふっくらとした形から、「鶉焼《うずらやき》」と呼ばれたともある。それがのちに「腹太餅」「大

腹餅」となり、「大福餅」の名の起こりとなったという。ちなみに、砂糖がない時代、埼玉には「塩餅（塩あんびん）」と呼ばれる塩で小豆餡に味付けした餅があった。現代人が好む塩大福の源流だろうか。

　そうしたなかで特筆すべきは、天正年間（一五七三〜九二）、大和・郡山城の入口で売り出された**「御城《おしろ》之《の》口餅《くちもち》」（奈良県大和郡山市・本家菊屋）**だろう。

　菊屋は、郡山城主の豊臣秀長から、秀吉（兄）を招く城中での茶会用の菓子をつくるよう命じられた。そこで創製されたのが、小豆のつぶし餡入りの薄い餅皮に、きな粉をまぶした餅である。香ばしい香り、のど越しのいい皮、大納言小豆の餡……。これらがみごとに溶け合い、のどがゴクリと鳴るおいしさだ。

これが秀吉に大いに賞讃され、「鶯餅《うぐいすもち》」と名付けよと言われたが、店が郡山城大手門の前にあったので、いつしか御城之口餅と呼ばれるようになった。

ところで、かつては正月に備え、年の暮れに餅をつく習慣が各地にあった。少子高齢化や核家族化が進み、一般家庭ではほとんど見られなくなったが、町内会や幼稚園など、一部では年中行事として続いている。

餅つきは、ペッタンペッタンと音が隣近所に聞こえるので、後で何軒かに配ったものである。ところが、同じ餅でもお彼岸などによくつくるおはぎやぼた餅は、すり鉢にすりこぎ棒で半つきするだけだから音が聞こえず、近所に配る気遣いもいらない。そのため「隣知らず」や「夜船」（いつ着くかわからない）、あるいは「北の窓」（北窓に月は映らない＝月知らず）などと、粋に呼ばれることがある。

ぼた餅（春のお彼岸）とおはぎ（秋のお彼岸）は、季節による呼び名の違いとされる。また、ぼた餅はつぶし餡、おはぎはこし餡という違いとする説もある。これらはほとんど自家でつくられてきたが、和菓子屋には決まってこの種の餅も売られている。土産にはしにくいが、土地柄が伝わるので、旅先などでぜひ味わってみたい。

赤福——きめ細かな餡にうっとり

餅を餡で包んだり、餅に餡をのせたりしたものを、あんころ餅という。その雄は、なんといっても**「赤福」（三重県伊勢市・赤福）**である。

宝永四年（一七〇七）、伊勢神宮の内宮前にて創業した。白い餅は川底の小石を、女性職人が指先で入れる三筋の餡は、五十鈴《いすず》川の流れを表現している。歯応えがほどよい餅に、きめ細かで滑らかな小豆のこし餡。いつ食べてもうっとりする。それが門前茶屋のにぎわいをつくり、土産銘菓としても不動の人気を保ち続けている理由だろう。

「赤福」の菓名は、赤子のような真心で自分や他人の幸福を慶ぶ意味の「赤心慶福」に由来する。

伊勢参りの前後に門前の茶店で味わい、そこで購入して持ち歩くという人も多いが、帰途の名古屋、京都、大阪の各駅で「そうだ土産に」と思い直して買い求める人もずいぶん多い。ターミナル駅で売っていることも、土産銘菓として全国トップクラスの売り上げを叩き出す一因だろう。

あんころ餅は「餡衣」が語源とされる。ほかに言及したい逸品としては、与謝野晶子も

愛した「大寺餅」（大阪府堺市・大寺餅河合堂）がある。慶長元年（一五九六）創業と歴史も古い。元文二年（一七三七）、北国街道松任《まっとう》宿での売り出しをルーツとする「あんころ餅」（石川県白山市・圓八《えんぱち》）も餡がしっとり滑らかで、忘れられない味である。

阿闍梨餅（京都府京都市・満月）

第4章

迷わず選びたい出張土産10

多くの連絡や会議などが、インターネット上で容易に済ませられる時代である。とはいうものの、会社や役所勤めの人間にとっては、まだまだ出張旅行の機会は多いだろう。

その際にちょっとばかり頭を悩ますのが、手土産探しではないだろうか。駅構内や空港の売店、自動車道のサービスエリア、道の駅などに、土産銘菓は溢れんばかりに存在する。少しは気が利いており、かつ、大方に受けがいい銘菓を選ぶとなると、なかなか難しい。相手、人数、季節などによっても異なるし、自腹負担となると予算も関係する。もちろん、おいしさは必須条件の一つだろう。

本章では、出張の機会が多いであろう全国一〇都市の土産売り場で、必ずと言っていいほど目にする銘菓を取り上げる。だが、それだけでは芸がない。売り場を支配するに至った理由、開発の舞台裏エピソードなど、各種のうんちくをまじえて紹介する。お土産を差し出す際に、そうした雑学をひとこと添えることができれば、ひと味おいしさがプラスされるだろう。

博多通りもん――一気に土産売り場を席巻した秘密

九州は、早くから長崎に砂糖が入ったため、多様なお菓子が生まれた土地である。とく

に福岡の菓子は、卵を使い、菓名にした銘菓が多いことが特徴だろう。
いくつか知られたものを挙げると、卵白だけを使ったマシュマロの「鶴乃子」（福岡県福岡市・石村萬盛堂）、ほこっとした皮と白餡の「ひよ子」（福岡県福岡市・ひよ子本舗吉野家）、カステラ生地に白餡の「千鳥饅頭」（福岡県福岡市・千鳥饅頭総本舗）などである。
なかでも圧倒的に人気なのが**「博多通りもん」（福岡県福岡市・明月堂）**である。ミルクや卵などを入れた小麦粉生地で、バターやミルクなど洋菓子の素材を練り込んだ白餡を包み、焼き上げた饅頭菓子である。ほっこりした皮、しっとり滑らかな餡に潜む和と洋の味。両者がまろやかに溶け合う逸品だ。

かつて、取材で製造工程をちらっと見学した。真空パックする場面を見たが、焼きたてを個包装するので驚いた。専務の秋丸剛一郎さんは「熱いうちにパックすることで、袋内部の湿気と本体がなじんで、通りもんならではのしっとり感が保てるんです」と話してくれた。また、「全日空の機内食に採用された時、ポロポロと崩れないのがいいと客室乗務員の方たちに喜ばれました」という内輪話も披露してくれた。

菓名は、毎年五月三～四日、街中が沸き立つ「博多どんたく」に由来する。思い思いに仮装した老若男女が、しゃもじを叩き、三味線を弾き、笛や太鼓を鳴らしながら練り歩く。その様子が「通りもん」と呼ばれるのだそうだ。地元の風物を表現し、かつ福岡を中心とした九州一円でしか販売しない地域限定感が、いっそう人気に拍車をかけている。

発売からまだ二〇年余しか経っていないが、たちまち博多土産の王者になったのは、そのおいしさに加え、菓名から博多の風景や風物が見えてくるせいもあるだろう。地名や歴史、風物、人物などを織り込んだ菓子は、選ばれやすい土産銘菓の第一条件である。

山田屋まんじゅう——一子相伝の松山銘菓

近代俳句の祖といわれる正岡子規に「春や昔十五万石の城下かな」と詠まれた松山は、

江戸時代、松平氏一四代が治めた城下町である。町並みに抜きん出て高い勝山山頂には、天守閣がそびえる。夏目漱石の『坊っちゃん』では田舎扱いされた松山の町だが、いまや高層ビルが林立する、人口五一万余の四国随一の都会である。

観光地でもあり、土産銘菓にも事欠かない。複数の店が販売する三色の「坊っちゃん団子」、松山一帯の郷土菓子で、ふわふわカステラ生地で小豆餡を巻いた「タルト」、バターたっぷりの「母恵夢」（愛媛県東温市・母恵夢）などが有名だろうか。

だが、私が百銘菓の一つとして推したいのが**「山田屋まんじゅう」（愛媛県松山市・山田屋）**である。小豆のこし餡が透けて見えるほど、極薄につくられた皮が特徴の小饅頭だ。厳選した北海道十勝産小豆を白双糖《しろざらとう》で炊き上げ、白い和紙で一個ずつ包装されている。ひと口大の小さな饅頭だが、やさしい甘さに舌先がくすぐられる。

店のしおりには、宇和町（西予市）で商家を営んでいた頃、巡礼に一夜の宿を乞われて手厚くもてなしたところ、お礼に製法を教えられたとある。それで饅頭をつくってみたところ、これが評判を呼び、信心していた山田薬師が巡礼に化身して伝えてくれたものだと考え、山田屋の屋号で店を開いたとある。のちに店を松山市に移したが、製法は一切変えておらず、一子相伝を五代にわたって守り続けている。

もみじまんじゅう――定番銘菓のエース格

原爆投下の惨禍から復興した広島は、いまや人口一〇〇万を超える大都市へと発展した。企業や行政の出先機関などが集まり、ビジネスホテルの数からも出張族の多さがわかる。ネオン街の流川で、カキやお好み焼きで地酒にほろ酔いする御仁もいる。

気になる土産銘菓は、多種多様の「もみじ饅頭」をはじめ、クルミ入り求肥餅の「川通り餅」（広島県広島市・亀屋）、つぶ餡たっぷりの焦げ色つややかな「吾作饅頭」（広島県広島市・

平安堂梅坪）など名品が少なくない。

　そこで選ぶとなると、いささか定番すぎるが、やはりもみじ饅頭になる。なかでも人気なのが、発祥の地である宮島で、平仮名を商標にする**「もみじまんじゅう」（広島県廿日市《はつかいち》市・藤い屋）**だ。

　小麦粉に砂糖、卵、蜂蜜を混ぜた生地にこし餡を入れ、紅葉型に流して焼き上げる。ひと味違う特徴は、皮むきの「藤色こしあん」を使っていること。皮むき餡は、皮に含まれる雑味が除かれ、舌にまろやかで口どけがよく、すっきりとした甘さだから、つい二つ三つと手が伸びる。つぶあんをはじめ、カスタードあん、チョコレートあん、抹茶あんなどもあり、これらの詰め合わせも人気が高い。

もみじ饅頭の発祥には諸説あるが、明治後期、宮島の和菓子職人・高津常助が、賓客の宿泊が多い旅館「岩惣」の女将からの注文で納めたのが始まりというのがほぼ定説だ。名称の由来は、宮島の名勝の紅葉谷、それにちなむ発祥当時の「紅葉型焼饅頭」にあるといわれる。また、宮島を訪れた初代総理大臣・伊藤博文が、お茶を差し出す茶店の娘の手を取って「もみじのような可愛い手」と言ったという、さもありげな由来話もある。

昭和五四〜五六年に日本が漫才ブームで沸いた頃、人気コンビB&Bが「もみじまんじゅう！」のセリフを吐いたことで、一気に全国的になった。

百楽――商人の街で愛される正統派最中

「食い倒れの町」といわれる大阪には、お好み焼き、たこ焼き、うどんなど、手軽でおいしく、安い粉食グルメがたくさんある。それに負けず劣らず土産銘菓も多いが、大阪では、旅行者や出張族には「おいしさ」よりもネーミングや発想などの「おもろさ」が優先される面があるようだ。新製品もよく出るが、売れ行きが芳しくないとみるや素早く撤退する。そのあたりは実に「商人の街」らしい。

そうした風土だから、絶対的な土産が定着しにくい。しかし、近年の「テッパン」とい

えば、肉汁がじゅわ〜っとおいしい「豚まん」（大阪府大阪市・551蓬萊）だろう。ただし、これは土産銘菓の範疇からはずれるので割愛する。

となると、定番の「岩おこし」「粟おこし」（大阪府大阪市・あみだ池大黒）や「釣鐘まんじゅう」（大阪府大阪市・釣鐘屋本舗）など、古くからの土産銘菓が思い浮かぶ。とりわけ私がお薦めするのは、小豆の旨みが堪能できる**「百楽」（大阪府大阪市・鶴《つる》屋《や》八幡《はちまん》）**である。

名物の「百楽」は、じっくりと丹念に炊き上げた大納言小豆のつぶ餡入り最中だ。形を壊さない小豆そのものの風味を、香ばしい種皮が引き立てる。色艶のよさにも惚れ惚れとする逸品で、一方のこし餡入りは、ほのかな抹茶風味が甘さに清々しさを添える。食べる時に二つや四つに割りやすいよう、種皮に田の字のへこみを入れてある気配りもうれしい。

また、同店の人気菓子「いただき」も出張土産に好都合。ほどよくやわらかさを残した玉子せんべいに、つぶ餡をはさんだ菓子で、あまりかさばらないうえに個包装なのもいい。

阿闍梨餅――万人が好むもちもちの饅頭

大阪が「食い倒れの町」と呼ばれるのに対して、京都は「着倒れの町」とされる。歴史、風物、文化など、多くの面で大阪とは異なる。年間五〇〇〇万人を超えるという入込客の大半は、出張族より国内外の観光客である。

京都では、古くから寺社の供え菓子や茶店菓子が人気を集め、朝廷や茶道の長い歴史のなかで培われた上生菓子も多い。土産銘菓でいえば、代表的存在ともいえる「八ッ橋」をはじめ、五〇年ほど前から登場した「生八ツ橋」も人気で、多くの店が競い合っている。

それゆえ、突出した売れ行きを誇る銘菓がなく、選ぶのにセンスが問われるところだろう。近年の特徴は、宇治茶を使った菓子が多くなったことだ。

そうしたなかにあって、迷わず選びたいのが**「阿闍梨餅《あじゃりもち》」（京都府京都市・満月）**だ。す

でに土産菓子として定番に近い人気だが、歴史、風土、由緒に加えて、賞味期間が五日間とやや長めなのもうれしい。

製造販売の満月は、安政三年（一八五六）創業で、まん丸い銘菓の「満月」で始まった菓子店である。「阿闍梨餅」は、大正一一年（一九二二）、二代目によって創製された。これが大評判をとり、のちに看板菓子に成長した。

菓名に「餅」とあるが、饅頭である。鶏卵や砂糖を練り合わせたもち米生地で、大納言小豆のつぶ餡を包んで焼いている。もちもちした薄めの皮と練りのいいつぶ餡との相性がよく、ほどよい甘さが舌に余韻を残す。

菓名の「阿闍梨」とは、壮絶な難行で知られる比叡山の千日回峰の満行者に与えられる尊称

である。修行中に被る真ん中が盛り上がった網代笠を模して、饅頭の形がとられている。観光客や出張族ばかりでなく、本店や百貨店の売店コーナーには地元客の姿も多い。

ゆかり――濃厚な香りが立つエビ煎餅

かつて「尾張名古屋は城でもつ」と謳われた名古屋は、金鯱《きんしゃち》で有名な名古屋城の城下町である。徳川家康の命令により、有力大名が総がかりで築城技術の粋を集めて築いた名城である。御三家の一つ尾張徳川家六二万石の城下町は大いに賑わい、芸や茶の湯も発達し、銘菓も多く生まれた。

名古屋の古くから定番の土産といえば、「ういろう」（ういろ、外良）だろう。うるち米の粉に砂糖と水を加えて練り、箱に入れて蒸した棹菓子で、江戸時代からあるという。「重くて大きくて見栄えがして安い」が好みの名古屋人にぴったりの銘菓と揶揄されることもある。現在では、抹茶味やチョコレート味など、多種多様な商品が生まれている。

そのほか、小豆餡をサンドした「小倉トーストラングドシャ」（愛知県名古屋市・東海寿）も新しい定番として存在感を示すが、名古屋駅で売れ行き上位を占めるのは、近隣他県の「赤福」（三重県伊勢市・赤福）や「うなぎパイ」（静岡県浜松市・春華堂）である。

そんな土産事情の名古屋から一品選ぶとすれば、迷わず名古屋に隣接する東海市の「**ゆかり**」（**愛知県東海市・坂角《ばんかく》総本舗**）になる。三河湾や瀬戸内海などで獲れたエビの頭や殻を取ったのち、その身をデンプンや小麦粉と混ぜ、香ばしく焼き上げた。バリッと噛むと、濃厚なエビの匂いと旨みがストレートに伝わる。

伝えによると、漁師たちが浜辺でエビのすり身を焙り焼きにして食べていたものを、初代の坂角次郎が尾張藩主徳川光友公に献上したところ、大いに賞讃されたという。寛文六年（一六六六）の頃である。

以前に取材した折には、一枚の煎餅になんと七匹ほどのエビを使っていると聞いた。味が濃いのもむべなるかな。気張った手土産には、黄金缶入りをお薦めしたい。

きんつば――このうえない小豆の旨み

尾張出身の織田信長や豊臣秀吉の重臣として信任され、徳川時代は加賀百万石を誇った前田利家の城下町・金沢は、名古屋をしのぐ菓子の町だ。

第3章でも取り上げた森八の「長生殿」をはじめ、生姜風味の趣ある「柴舟《しばふね》」（石川県金沢市・柴舟小出）、生落雁で羊羹をはさんだ「加賀宝生」（石川県金沢市・落雁諸江屋）、栗蒸し羊羹の「月よみ山路」（石川県小松市・松葉屋）など、歴史のある逸品が目白押しである。

これら老舗が数多いなかで、昭和九年（一九三四）の創業は新参の部類だが、私が金沢土産で迷うことなく買ってしまう一品が「きんつば」

（石川県金沢市・中田屋）である。

粒揃いの大納言小豆の皮を壊さず丁寧に炊き、寒天、砂糖、氷砂糖を加えて直方体に整え、薄く衣を塗って焼き上げる。シンプル極まりない菓子だが、二つに割ると、つややかでふっくらとした大粒の小豆の端正な美しさに、惚れ惚れとするしかない。口に運ぶと、淡くて上品な甘さがほろほろと舌に転がる。あんこが苦手という人でも「これなら」と喜んで食べる。こんなにおいしさが引き立てられれば、小豆も本望だろうと思う。

中田屋はいわゆる一般菓子店として出発したが、初代がきんつばにのめり込んで以来、「きんつばの中田屋」が看板となった。前述したように、きんつばとは、本来、刀の鍔の形をしているものだが、より直方体に近いイメージが広まったのは、もしかすると中田屋の影響があるかもしれない。

それに気が引けたわけではないだろうが、まさしく鍔の形をかたどった種皮で、きんつばの小豆よりちょっと甘く炊いたつぶ餡を詰めた「鍔もなか」も製造販売している。

東京ばな奈「見ぃつけたっ」――最激戦区の代表銘菓

東京都は一三〇〇万もの人口を抱える世界有数の都市である。政治、経済、文化、産業、

交通、教育、物資など、ありとあらゆるものが集中し、日々躍動を見せている。当然、出張や観光などによる人の出入りが、全国で最も多い都市である。東京土産も数限りなく、選ぶのに誰もが頭を悩ませる。何がよいかと問われることも多い。

土産売り場を見ても、一目で東京土産とわかるもの、東京でしか買えないもの、マスコミやインターネットで話題のもの、高価だが珍しいもの、新しいものなど、多種多様で千差万別だ。とはいえ、その土地の地名や風物、歴史、物語がこもった銘菓に人気が集まることは、ほかの都市と変わらない。具体的には、五〇種以上の味をそろえる「麻布かりんと」（東京都港区・麻布かりんと）、小麦粉とバター風味がカリッとおいしい「東京ラスク」（東京都港区・東京ラスク）、黒ゴマの餡とペーストをカステラ生地で包んだ「東京たまご　ごまたまご」（東京都中央区・銀座たまや）など、地名入りがよく売れている。

また、東京のイメージと高級感がある「竹皮包羊羹」（東京都港区・とらや）や「手焼き花椿ビスケット」（東京都中央区・資生堂パーラー）などもロングセラー。ほかにも新製品が続々と生まれている。

そんな競争の激しい東京において、圧倒的に売れている土産が、平成三年（一九九一）に発売された**「東京ばな奈「見ぃつけたっ」」（東京都杉並区・グレープストーン）**だ。もとより東京とバナナの関係はまったくないが、さほど違和感も抵抗感もなくじわりと受け入れられたから不思議である。

菓名にずばり「東京」と冠したことが、一番の成功のカギだろう。「ばな奈」という表記や、バナナにリボンを付けたおしゃれなパッケージも、女性受けがよかった。また、販売エリアとして東京駅や羽田空港の土産売り場を優先したのも、土産品として知名度を高めた一因のようである。

ふんわりしたスポンジ生地で包まれるのは、水飴、バナナペースト、砂糖、バナナピューレなどからなるバナナカスタードクリーム。バナナ形に成形して蒸し上げられた商品は、バナナ味たっぷりで、歯応えを感じないほどやわらかい。誤解を恐れずにいえば、決して突出した味ではないが、やさしくおだやかで誰の口にも合う。そうしたクセのなさも人気の理由だろう。冷凍庫で凍らせて、氷菓風にしてもおいしい。

定番の味に加えて、バナナプリン味などいろいろな形や味で次々とバリエーションを広げているのも、飽きられない秘訣だろう。帰郷などで地方に赴く際に、土産に買っていったことはあるが、食べたことがないという東京在住者も少なくない。まさに土産銘菓である。

萩の月——全国に類似商品を生んだパイオニア

仙台は、人口一〇五万を数える大都市である。オフィスやホテル、マンションなど高層ビルが林立し、アーケードの繁華街が縦横に延び、人の往来もひっきりなしだ。出張族も多い。

観光地としても人気が高く、江戸時代、伊達藩六二万石の城下町として栄えた名残の青葉城跡や伊達政宗の廟所《びょうしょ》の瑞鳳殿《ずいほうでん》、大崎八幡宮などの史跡巡りができる。八月の仙台七

夕などは観光客でごった返す。
旅土産も牛タン、カキ、笹かまぼこなど事欠かない。土産銘菓でも、ずんだ餅、仙台駄菓子、柚餅子《ゆべし》、マカロンなどさまざまだが、なかでも不動の人気銘菓に**「萩の月」（宮城県仙台市・菓匠三全）**がある。カステラ生地でオリジナルのカスタードクリームを包んで、ふっくらと蒸し上げた和洋折衷の菓子で、まろやかでやさしく、とろりとした甘さに魅せられる。
この菓子が創製されたのは、昭和五二年（一九七七）のこと。新製品の開発を考えていた菓匠三全が、市中で売れている洋菓子がシュークリームとカステラであることに着目。この二つを一緒にした菓子をつくってみようという発想から、試行錯誤の末、カスタードクリームのフイリングをスポンジ生地で包んだ蒸し菓子が生まれた。

菓名は、萩が咲く宮城野（仙台平野）の空にぽっかり浮かぶ名月のイメージから、「萩の月」と名付けられた。萩は宮城県花で仙台市花でもあるから、市民になじみが深く、すんなり受け入れられた。

難点とされたのは日保ちだった。しかし、脱酸素剤「エージレス」の採用によって、日保ちが常温で二週間に延びた。この技術を菓子に応用したのは、業界では「萩の月」が最初と聞く。ビニール個包装とおしゃれな小箱パッケージも好評を得た。

大きくブレイクしたきっかけは、仙台〜福岡間に就航の東亜国内航空（後にＪＡＳを経てＪＡＬに）旅客機の機内食に採用されたことだという。後年、人気シンガーソングライターの松任谷由実が、「萩の月」を半解凍状にして食べるのが好きと話したことで、さらなる人気を獲得した。

土産銘菓として定番化した「萩の月」に倣って、ふわふわのスポンジ生地でカスタードクリームを包んだ菓子が全国各地に誕生し、菓名も「〇〇の月」を名乗る。だが、味も売れ行きも元祖には及ばない。

白い恋人──知名度抜群の地域限定商品

四周に海を抱き、広大な大地がひらける北海道は、農林水産品の一大生産地である。畑からは、小麦、米、ジャガイモ、海からは、鮭、イカ、カニ、牧場からは、新鮮な牛乳が生み出される。これらの強みを生かして、小豆、米、小麦、ミルク、バター、チーズを使った銘菓が、和洋問わずにつくられている。

ざっと挙げるだけでも、油で揚げたさくさくとおいしい「じゃがポックル」（北海道限定でカルビーが販売する商品）、芳醇な甘みが舌でとろける「生チョコレート」（北海道札幌市・ロイズコンフェクト）、秋鮭、帆立、甘エビ風味の「北海道開拓おかき」（北海道砂川市・北菓楼）、焼き芋そっくりの豆を使った「わかさいも」（北海道洞爺湖町・わかさいも本舗）など迷うほど多い。

そんななかからただ一つを選ぶのならば、定番極まりないが**「白い恋人」（北海道札幌市・石屋製菓）**である。知名度は全国区ながら北海道限定販売である。

この看板商品は、焼き色にも食欲がそそられるラング・ド・シャ・クッキーで、コクのあるミルキーなホワイトチョコレートをはさんでいる。サクサクとした軽やかな歯触りから、コチッと当たるチョコの歯応え、その後、おもむろに溶け出す甘さは何度食べても飽きない。どうしておいしいのだろう、としみじみ噛みしめることもある。商品には、ホワイトチョコレートをサンドした「ホワイト」と、焦げ茶色のミルクチョコレートをサンドした「ブラック」の二種類がある。

発売されたのは、昭和五一年（一九七六）で、札幌・冬季オリンピックの四年後のことである。印象的な菓子の名は、初代社長がゲレンデで雪が降ってきたのを見て、「白い恋人たちが降って来たよ」と呟《つぶや》いたことから名付けられたという。

それにしても、瞬く間に北海道の土産売り場を席巻したのはなぜだろうか。もちろん、新鮮な洋感覚のおいしさが第一だが、かつて広報担当者が「全日空の機内食に採用されたんです」と話してくれた。

すでに述べたように、「博多通りもん」や「萩の月」も航空便がきっかけとなってブレイクした商品だ。当時、航空機の日常的利用者は、幹部会社員や富裕層など、いわば発信力のある人が多かった。狭い座席で所在なく過ごす一〜二時間余の間、サービスで出てきた初見の菓子をしみじみと味わい、パッケージもじっくり眺めたことだろう。それが口コミで広まったと思われる。

ある業界紙がアンケートをとった「二十世紀を代表する土産品」では、「白い恋人」がみごと第一位に選ばれた。さまざまなランキングを眺めてみても、人気土産の調査では、ここ三〇年以上、常にベスト3の評価を持続している。余談だが、ラング・ド・シャはフランス語で「猫（シャ）の舌（ラング）」の意味。諸説あるが、フランスのクッキーは細長く、猫の舌の形に似ていることからの菓名だ。

なお「白い恋人」に隠れがちだが、同じ石屋製菓では「美冬《みふゆ》」もいい。高級チョコレートとパイ地が層をなすミルフィーユである。もし「白い恋人」がありきたりだと考えるなら、こちらをお試しいただきたい。

梅不し（高知県高知市・西川屋老舗）

第5章

歴史・風土が生きる伝統銘菓15

菓子は室町時代、茶の湯の発達とともに普及し、砂糖が出回る江戸時代になっていろいろなものがつくられるようになった。しかし、それを口にできたのは藩主やその一族、側近たちなどごく一部に限られた。藩主の国替えの際には、菓子職人を一緒に連れていくことがほとんどで、多くの城下町には「藩御用菓子司」の称号を与えられた菓子職人が住んだ。

菓子は何のためにつくられたのだろうか。もちろん、藩主や一族の嗜好や賓客をもてなす必要性はあっただろう。だが、それだけではなく、幕府への献上品や参勤交代の手土産としても需要があり、また、藩財政のためにも重要視された。そんなニーズに応じるように、菓子職人も商品の開発に努力を重ねて佳品をつくり出した。

そうした歴史と伝統を引き継ぎ、四〇〇〜五〇〇〇年前から続く店も少なくない。江戸期からとなると、今でも多く残っている。本章では、そうした銘菓の数々を紹介したい。

軽羹――島津家が好んだ「殿様菓子」

その一つに「**軽羹**《かるかん》」（**鹿児島県鹿児島市・明石屋**）がある。

明石屋の初代は、薩摩藩主・島津斉彬が江戸にいた折に出会い、見込まれて薩摩に連れ

てこられた。播州・明石出身の菓子職人・八島六兵衛である。店名も六兵衛の出身地にちなんでいる。

六兵衛は、「おいしくて栄養があり、保存のきく食べ物を」と命じられた。苦心の末、薩摩の良質な自然薯《じねんじょ》（天然の山芋）に、米粉と白ザラメを加えてこね、蒸してつくる菓子を完成させる。羊羹より軽いので、軽羹と名付けられた。献上や接待の際に重用され、「殿様菓子」と呼ばれたという。明石屋は、幕末に近い安政元年（一八五四）の創業。島津家ご出身の母をもたれた昭和天皇の皇后さま（香淳皇后）は、ことのほか軽羹を好まれたそうである。庶民が食べられるようになったのは、明治維新以後のことである。

かつて軽羹は、自然薯の収穫期（一〇月から）の季節菓子だったが、現在では通年製造販売されている。雪のように真っ白で、ふんわりもちもちとした食感、ほのかな香り。現在でも天然の自然薯しか使わないという明石屋のそれは、軽い弾力と山芋の香り、気品のあるおだやかな甘さが特徴だ。

若い時分は物足りなさを感じることもあったが、齢とともに風味のよさをしみじみ感じる。百銘菓にははずせない逸品といえよう。蛇足だが、いっとき、若い人にキャットフードの「カルカン」とまちがわれると、土産売り場の女性店員が嘆いていたことを思い出す。

同じ九州で藩主ゆかりの品といえば、城主・加藤清正が朝鮮出兵の際に携帯食としたという「朝鮮飴」（熊本県熊本市・老舗園田屋）も忘れられない。

若草――不昧公好みの鮮やかな茶菓

山陰には、松江藩七代藩主で名君と謳われ、茶人・不昧公としても名を残した松平治郷がいる。松江には、現在でも「不昧公好み」の茶菓がいくつかある。

なかでも、江戸後期に途絶えていたものを、明治になって復刻させた**「若草」（島根県松江市・彩雲堂）**が素晴らしい。文献や口伝に基づき、苦心の末に復元したという。銘柄

米の仁多米《にたまい》に砂糖を加えて練り上げた求肥に、目にも鮮やかな若草色の寒梅粉をふりかけた茶菓である。シャリシャリの歯応え、もちっとしたやわらかな舌触り。色合いとともに春が匂い立つ逸品である。「若草」の菓名は、「曇るぞよ雨降らぬうちに摘みてこむ栂尾《とがお》山の春の若草」という不昧公の歌にちなんでいる。

同じ松江では、第3章でも言及した「山川」（島根県松江市・風流堂）も有名。「若草」と並ぶ不昧公好みの落雁で、しっとりやわらかな食感がうれしい。風流堂が明治中期に復活させている。「若草」と「山川」は、菓名を共有して、市内数か所の菓子店が製造販売する。復活させたそれぞれの店が一頭地を抜いているように思う。

玉椿――可憐にして美味な生菓子

姫路城は、優美華麗な名城として名高く、国宝や世界遺産にも登録されている。その城下町にも百銘菓にふさわしい秀菓がある。**「玉椿《たまつばき》」（兵庫県姫路市・伊勢屋本店）**である。

　薄紅色の求肥のなかに、希少な白小豆と卵の黄身や砂糖でつくった黄身餡を入れた生菓子である。餅と餡が溶け合う繊細な甘さに、自然と頬がゆるんでしまう。姫路藩五代藩主・酒井忠《ただ》学《のり》と一一代将軍徳川家斉の娘・喜代姫の婚礼を祝してつくられた。藩家老の河合寸翁《すんのう》からその出来栄えを褒められ、「玉椿」と命名され、御用菓子司に取り立てられたという。

　和紙に包まれたひと口サイズだが、丸ごと頬張ってはもったいない。多くの菓子も同様だが、

半割りにして餡の香りを感じつつ味わっていただきたい。風雅な構えの本店は、城の手前、古くからの商店街の二階町にある。創業は元禄年間（一六八八〜一七〇四）と古い。

をちこち——層ごとに異なる食感が楽しい棹菓子

徳川御三家の筆頭、尾張徳川家の城下町・名古屋にも、数多くの御用菓子が生まれた。そのなかでも逸品なのが、**「をちこち」（愛知県名古屋市・両口《りょうぐち》屋《や》是清《これきよ》）**である。両口屋是清は、摂州（大坂）からやってきた初代が、寛永一一年（一六三四）に創業した饅頭店だが、二代目より御用菓子司を務めた老舗である。

「をちこち」は、風味豊かに炊き上げた高級な丹波大納言小豆を、餡村雨ではさんだもの

で、餡と白餡が筋状に入る。しっとり仕上げた小豆餡、ほろほろ食感の村雨。層ごとに異なる食感が甘さを響かせ合う。

菓名は「遠い近い」を意味する古語で、切り口が「をちこち」の山並みの風景を表現している。風雅な菓名もひと味を添える。

同じ両口屋是清では「ささらがた」も逸品。ふんわり蒸し上げた大納言、白小豆、抹茶などの餡村雨と羊羹の味が重なり合う。

カステラ——南蛮文化が生んだ伝統菓子

戦国時代、フランシスコ・ザビエルが来日すると、キリスト教をはじめとする「未知」のものが数多く伝来した。菓子も例外ではない。ポルトガルやオランダからは、長崎港における交易で、カステラ、ボーロ、金平糖、カルメル、ビスカウト（ビスケット）などがもたらされた。

なかでも、元亀二年（一五七一）、長崎に入港したポルトガル人から伝えられたカステラの存在が大きい。江戸中期に編纂《へんさん》された『和漢三才図会《わかんさんさいずえ》』には「加須底羅」とあり、「小麦粉一升、白砂糖二斤、鶏卵八個を和して銅鍋で焼いて黄色にし」と製法が記されている。

画像提供：カステラ本家　福砂屋

その長崎で、ポルトガル人から直に製法を学んでつくられたのが**「カステラ」（長崎県長崎市・カステラ本家 福砂屋《ふくさや》）**である。馥郁《ふくいく》たる香り、しっとりふんわりしたおいしさ。その秘密は、古来の製法を継承していることにある。卵を手割りで白身と黄身に分け、まず白身を十分に泡立て、その後に黄身とザラメなどの材料を加え、さらに攪拌する別立法が採られている。混合、攪拌、焼き上げに至るまで、一人の職人がつきっきりで仕上げる徹底ぶりだ。

斑《まだら》のない焼き色、ふくよかな香り、奥行きを感じるしっとりした生地、底に沈んだザラメのシャリ感。いつ食べても惚れ惚れとする逸品だ。

寛永元年（一六二四）の創業以来、福砂屋はカステラ一筋であり、当主は一六代目である。

丸房露——佐賀市に伝わるソウルフード

長崎は、二〇〇年以上続く鎖国時代にあって、海外に唯一開かれていた港町である。そのため、多くの文物が出島に持ち込まれたが、なかでも希少で高価なるものとして珍重されたのが砂糖である。

砂糖の多くは、長崎街道を経て小倉へと運ばれ、さらに江戸へと持ち込まれた。道中の諫早《いさはや》、嬉野《うれしの》、小城、佐賀、飯塚などは、砂糖のおこぼれにあずかることになり、飴がた、金花糖、丸ボーロ、千鳥饅頭など、多くの菓子が生まれた。

ちなみに、この道は絹の道(シルクロード)になぞらえて、後年「シュガーロード」と呼ばれるようになった。そんなことから長崎は砂糖の代名詞となり、甘さが足りないことを「長崎が遠い」と言う。

さて、丸ボーロは、ポルトガル船員の常備食といわれた菓子だ。佐賀市にある鶴屋の初代は、長崎に出かけてそのつくり方を学び、小麦と鶏卵と砂糖を原材料に、サクッとした卵風味の生地をふんわりの甘さに仕上げた。その菓子を**「丸房露《まるぼうろ》」(佐賀県佐賀市・鶴屋)**

の名で売り出したところ、大評判を呼んだ。鶴屋は、寛永一六年（一六三九）創業の老舗で、鍋島藩の御用菓子司も務めた。

佐賀市に生まれ、二度にわたって総理大臣を務め、東京専門学校（早稲田大学）を創立した大隈重信は、鶴屋の「丸房露」を激賞したという。

元禄九年（一六九六）には、同じ佐賀市内の北島が「丸芳露」の名で販売しており、両店が丸ボーロのルーツを巡って説を分け合うこともある。佐賀県にはほかにもボーロの店がたくさんあり、何かにつけて食べることの多いソウルフードである。余談だが、佐賀からは、森永、江崎グリコ、新高《にいたか》製菓（今はない）の四大菓子メーカー（残るは明治製菓）のうち三社の創業者

が輩出されている。

東側の大分県にも「丸房露」（大分県中津市・重松製菓）という名物菓子がある。同地は福沢諭吉の出身地だけに、佐賀と対比して「丸房露の早慶戦」と面白がられている。

一六タルト――名は洋風なれど日本の菓子

異国船の取締役として長崎に赴いていた松山藩主の松平定行は、そこでポルトガル伝来のジャム入り南蛮菓子タルトを知る。松山へと持ち帰って「ジャムを餡にせよ」と命じてつくらせたものが、のちに明治以降庶民に親しまれるタルトとなった。**「一六《いちろく》タルト」（愛媛県松山市・一六本舗）**は明治一六年（一八八三）創業の一六本舗の屋号から名付けられた。

スポンジの原材料は、主に小麦粉、卵、砂糖。南蛮伝来だから、バターや油脂類など洋風の原材料があると思いがちだが、一切不使用。餡は皮むき小豆を使っているため、きめ細やかで舌触りが滑らかでしっとりしている。柚子の香りも清々しく、いつも変わらぬおいしさである。
菓名は洋風だが、実態はまぎれもなく日本のお菓子。県内には同種の「タルト」を製造販売する店が何軒かある。

けし餅──与謝野晶子の大好物

海外から文物が持ち込まれたのは、なにも長崎に限った話ではない。大坂・堺は、明《みん》、ルソン、カンボジアなどとの南蛮貿易で栄えた、戦国時代からの一大商業都市である。

忘れてはならないのが、インドからもたらされたケシである。江戸時代になってからは、堺や和歌山が名産地となった。

そのケシを使った銘菓が、**「けし餅」（大阪府堺市・小島屋）**である。上質なこし餡を包んだ餅皮に、ケシの実をびっしりとまぶした珍しい銘菓で、噛むとケシの実がぷちっと弾け、しっとり甘い餡と皮とが混じり合う。独特な旨みに舌が満たされる。

小島屋の創業は、延宝年間（一六七三～八一）と古い。阪堺線宿院駅の電停で降りて訪ねた店は白壁造りで、近くには千利休屋敷や与謝野晶子の生家「駿河屋」など、史跡も多い。菓子屋の娘だった晶子は、小島屋のけし餅を好んだという。

雪月花——柚子の香りが清々しい煎餅

土産銘菓には、その土地ならではの素材を使ったり、歴史・風土から生まれたりしたものが多い。土の香り、草の匂い、素材の味わいもそれぞれ。だから日本の菓子は楽しく、旅をしてでも食べたくなる。

とりわけ地域性が色濃く、個性豊かな銘菓としては**「雪月花《せつげつか》」（大分県大分市・橘柚庵古後老舗《きつゆあんこごろうほ》）**が思い浮かぶ。

大分県といえば、柚子やカボスなど柑橘《かんきつ》類の名産地だ。「雪月花」は、実った柚子の外皮と中身の間の白い中皮を、砂糖だけを加えて丁寧に煉り上げた柚煉《ゆねり》がたまらない。さわやかな甘さで、黄金色の贅沢な柚子ジャムである。その柚煉を裏ごしして、もち米の薄皮種にはさんだものが「雪月花」である。サクッとした歯触りに、柚子の香りと甘みが引き立つ。白色、淡青、淡桃で菓名を表現した上品な菓子である。

聖護院八ッ橋――人生半ばを過ぎてこそわかる風味

千年の古都・京都は、歴史、文化、芸術の発祥地として名高い。茶の湯文化の発展とともに、多くの和菓子が生まれた土地でもある。なかでも古くて新しい京都銘菓といえば、ニッキ

が芳しい「八ッ橋」だろう。
八ッ橋の名は、江戸時代初期の箏曲家・八橋《やつはし》検校《けんぎょう》に由来する。「六段の調」をはじめとして、多くの名曲を残した琴の名手で、近世箏曲の開祖とも讃えられ、多くの門弟を育てた。死後、葬られた東山の黒谷金戒光明寺には遺徳をしのぶ墓参者が後を絶たなかったという。没後四年を経て、参道の聖護院《しょうごいん》の森の茶店が、琴の形に似せた干菓子を売り出し、「八ッ橋」と名付けたという。
それが**「聖護院八ッ橋」（京都府京都市・聖護院八ッ橋総本店）**の始まりである。創業三二〇年以上を数える老舗で、平安神宮の北側に風雅な店を構える。「聖護院八ッ橋」は、米粉と砂糖にニッキで香り付けした生地を焼いたもの。

独特の香りとスキッとくる甘辛さは、人生半ばを過ぎると風味がよくわかるようになる。個人的には、北海道の高校時代の修学旅行で、聖護院の赤缶入りを買ったことを思い出す。

玉だれ杏──池波正太郎も薦めた善光寺名物

観光客で賑わう寺といえば、宗派を問わない寺として、全国から参拝者が多い長野県の善光寺が有名だ。この寺の鐘が鳴り響く所には、杏《あんず》がよく育つといわれ、特産地としては、旧・更《こう》埴《しょく》市森のあんずの里（現・千曲《ちくま》市）が知られている。実が橙黄色の杏は、甘酢っぱいが香りよく、ジャム、干し杏、缶詰などにされる。

その善光寺の門前に、**「玉だれ杏」（長野県長野市・長野 風月堂《ふうげつどう》）**がある。杏に寒天を練り込んだ杏羹を、白玉粉の薄い餅皮で巻いたものだ。歯触りはゼリーと羊羹の間ほどで、さわやかな香りと酸味、甘さが特徴だ。善光寺土産としてぜひ賞味したい。

当主の宮島章郎さんは、「杏や寒天は長野産、白玉粉は新潟産。添加物を使わず昔ながらの手づくりです」と誇る。食通の作家として知られる池波正太郎も来店したという。

栗羊羹――参拝客を魅了して一〇〇余年

門前町といえば、関東屈指の古刹・成田山新勝寺も古くから参拝客が絶えない。表参道に軒を連ねた飲食店や土産店のなかでも、多くの人が立ち寄るのが**「栗羊羹」（千葉県成田市・なごみの米屋總本店《よねやそうほんてん》）**である。同店は、落花生《らっかせい》の甘煮を煉り込んだ「ぴーなっつ最中」でも知られる。

看板菓子の「栗羊羹」は、新勝寺の精進料理の「栗羹」にちなんで、明治三二年（一八九九）に創製された棹菓子。厳選された素材を使って、伝統の製法でじっくりと煉り上げられた羊羹のなかに、大粒の栗がまるごと入った贅沢さ。色艶よく、舌触り滑らかで、歯にしっとり。滑らかな煉羊羹と大粒栗とがフィットする。やさしい甘さとおいしさに気持ちも和む逸品だ。

今日では羊羹は密封流し込みが大半だが、これを全国で初めて実用化したのが米屋といわれる。昭和二七年（一九五二）のことだ。これにより、羊羹の賞味期間が飛躍的に延び、商品も大いに売れた。昭和三七年（一九六二）には缶入り水羊羹を開発している。

水戸の梅——県を代表する看板銘菓

その土地ならではの味や風情という点では、木の実を使った菓子を無視することはできない。なかでも梅を使った菓子は多く、梅ヶ枝餅、梅こんぶ飴、梅しぐれ、梅ふくさ、梅干し、梅の香、梅羊羹、梅ぼ志飴など、菓名も多種多様である。

梅の名所といえば、偕楽園のある水戸が思い

浮かぶ。水戸藩九代藩主の徳川斉昭が、鑑賞用と非常食を兼ねる樹木として、梅の栽培を強く奨励したと伝わる。のちに、嘉永五年（一八五二）創業で、漬物屋を前身とする亀じるしの二代目が、梅を使った菓子を創製した。紫蘇巻き梅干しを参考に、白餡を紫蘇の葉で包んだ「星の梅」である。明治中期のことであった。その後、数軒の店が同種の菓子をそれぞれの名で販売していたが、明治後期には「水戸の梅」という共通の菓名で売るようになった。

なかでも元祖的存在といえるのが**「水戸の梅」（茨城県水戸市・亀じるし）**であろう。白小豆の餡を求肥皮で包み、梅酢に浸した赤紫蘇で一つずつ巻いた、県を代表する看板銘菓だ。ぷちっと切れる紫蘇の葉、もちっとした餅皮、甘い白餡が混じり合い、むっちりした食感と甘酸っぱさがたまらない。

かつて工場見学をさせてもらった際には、良質な紫蘇葉を入手することが難しいのに加えて、塩漬け、塩抜き、蜜漬などにかかる手間、葉の破れやすさに神経を遣う、と製造部長から話を聞いた。

梅不し——梅の香りが鼻孔をくすぐる

（高知県高知市・西川屋老舗）


一方で、梅の名産地とはいえない土地にも、梅を使った銘菓が存在する。それが「**梅不《うめぼ》し**」**（高知県高知市・西川屋老舗）**である。

梅の生産量ランキングを見ると、高知県はかなり下位に位置する。にもかかわらず、素晴らしい梅の菓子があるのだから興味深い。「梅不し」は、梅と一緒に漬けた紫蘇の葉を刻み、それを求肥で包んで丸め、表に砂糖をまぶした銘菓だ。一口大の大きさだが、口にすると、上品でさわやかな梅の香りと甘酸っぱさが、ふわっと鼻孔と舌先に走る。

鎌倉初期、土御門上皇が土佐に流された折、老僧が手づくりの菓子を献上したところ、大いに喜ばれたという故事にちなんで創製された。その時に賜った菓名は「梅本し」だったが、くずし文字で「本」の字がいつしか「不」に変わってしまったとか。

西川屋は、山内一豊が土佐に入封した折から御用商人として仕えたが、創業年は店を構えた元禄元年（一六八八）とする。「梅不し」のほかにも、砂糖と小麦粉を練って、細く切って窯で焼いた「ケンピ」でも知られる。こちらは硬くて素朴な秀菓である。

ハスカップジュエリー——大人の個性的クッキー

ところで、ハスカップという木の実をご存じだろうか。小指の先ほどのふっくらとした青紫色の実をつける落葉低木で、北海道・勇払《ゆうふつ》原野の湿地帯の自生から広まったという。野生種は口がひん曲がるほど酸味が強いが、この原野の一角の町で生まれ育った私は、子どもの頃、茶碗に盛って砂糖をびっしりのせ、ジャム状にし

て食べた思い出がある。
ブルーベリーに比べて、カルシウム、ビタミンC、鉄分が三〜五倍といわれ、アイヌの人たちは不老長寿の妙薬として珍重した。品種改良が重ねられ、道内のいくつかの地域で、甘みを追求した品種が栽培されるようになった。
ほとんど北海道のみに流通するこのハスカップに、砂糖や水飴を加え、硬くなるまで煮詰めたジャムを使ったのが**「ハスカップジュエリー」（北海道千歳市・もりもと）**である。
薄焼きのクッキーでハスカップジャムと特製バタークリームをはさみ、チョコレートで縁取りしており、他に類を見ない個性的な菓子だ。クリーミーな甘さの中から、一瞬ツンと舌に酸味が響く、大人のスイーツである。

なかにはさんだジャムが、サファイアのような色合いをもつことから、ジュエリー（宝石）の菓名が生まれた。新千歳空港を離着陸する客室乗務員にも人気があるスイーツだ。

ハスカップはアイヌ語で、ロシアのバイカル湖周辺が原産地とされる。勇払原野はバードサンクチュアリのウトナイ湖周辺のことで、遠い昔、シベリアから渡り鳥が種を運んできたのではないかといわれる。そんな遥かな由来話もロマンがあって甘酸っぱい。

ほかにハスカップを使った菓子としては、「よいとまけ」（北海道苫小牧市・三星《みつぼし》）が古くからの土産銘菓。甘酸っぱいハスカップジャムを、鶏卵風味たっぷりのスポンジ生地で巻き込んだロールケーキである。

関の戸（三重県亀山市・深川屋）

第6章

知る人ぞ知る 実力派銘菓10

全国には、時代や競争の荒波を越え、人知れず営々と続いてきた銘菓が数多くある。近年は、テレビや雑誌のみならず、インターネットの口コミサイトが著しく発達したため、そのほとんどが明るみに出てしまい、「隠れ名品」と呼べるものは稀有になった。

心ある人にしか教えたくないと思っていた銘菓や、「家内手仕事だから、記事にしたり喋ったりしないでね」と念を押された店もあった。しかし、いつの間にかメジャーになっていたり、消えてしまっていたりする。二〇年ほど前までは、足で探し回る私のような旅の取材者が、密かに得意げになっていたものである。

本章では、旅ではめったに行かない場所の店や、その土地以外では入手しにくい逸品を、これまでの取材ノートから惜しみつつ挙げてみたい。店も大々的に紹介されることはあまり望んでいないかもしれない。そんな場合には許しを乞いながら……。

美貴もなか――一店主義を貫いて八五年

そうした観点で最初に思い浮かぶのが、**「美貴《みき》もなか」（熊本県水俣市・柳屋本舗）**である。

十数年前、雑誌の取材で熊本県の日奈久《ひなぐ》温泉に泊まった。その宿で、「午前中で売り切れ御免の最中がある」と聞いて、翌日、カメラマン氏と車で探し当てた。店は水俣市街の町

はずれの住宅街にあった。
看板商品の「美貴もなか」は、梅の花をかたどったサクッと硬めの種皮、そこからはみ出すほどにずしっとつぶ餡が詰まった最中だ。香ばしい皮と照りのいいたっぷりの餡がなじみ合って、最中が好きな私にはたまらないおいしさだった。
看板らしきものはなく、迷いながらたどり着いた店では、先代当主夫人ミキさんに居間に招じられ、出されたお茶で最中を味わった。話では、昭和八年（一九三三）にご主人が羊羹屋を始めたという。その餡づくりの技を受け継いだのが、子息で二代目の今村政彦さん。五〇年ほど前に手煉り餡の最中を始め、ミキに美貴の漢字を当てて菓名にしたという。

私が訪ねた当時、ミキさんは一〇〇歳を超えるご長寿だったが、話しぶりもお元気そのもの。長寿最中のイメージも加わって繁盛していた。ミキさんは、その後一一一歳まで長生きされたと聞く。

それを知る地元の銀行は、熱心に出店話を勧めにきたという。しかし、自家でできる手づくりの信念を守り通すべく、すべて断ってきたそうだ。菓名に母親の名を付けるのだから、親孝行最中のキャッチフレーズも付けたい。取り寄せはできるので、ぜひ味わってみたいものである。

栗饅頭――長崎市民が愛する老舗の味

百貨店からの出店の誘いを断り、本店主義を貫く名店は長崎にもある。昔から、祝い事に欠かせない菓子として地元ではおなじみの**「栗饅頭」（長崎県長崎市・田中旭榮堂）**だ。

名物の「栗饅頭」は、栗を模した小麦粉生地の皮の中に、手亡豆餡と甘く煮た大粒の栗を丸ごと一個入れ、窯で焼き上げた饅頭である。ふっくらとして香ばしい皮、しっとりと甘い白餡、ほくほく煮詰めた栗。それぞれにちょっぴり主張し合うのに、たちまち一緒に和み合う。

田中旭榮堂の初代は、カステラの名店・福砂屋で菓子づくりを学んだ経験から、饅頭の表面に卵の黄身を上塗りして、窯で焼いて栗そっくりの焦げ茶色を出すことを思いついたそうだ。日露戦争の戦勝を祝してつくった「勝栗《かちぐり》」の縁起から、めでたい菓子になった。サイズは祝いのシーンに合わせて選べる六種類がある。

店で目をひくのが、騎士のいでたちの同店のキャラクター「栗王子」（＝ブラックプリンス）の大きな立て看板。大正時代からというから、ゆるキャラの先がけといえるだろう。

木守――極めて珍しい柿餡の煎餅

知る人ぞ知る銘菓といえば、**「木守《きまもり》」（香川県高松市・三友堂）**も外せない。

香川県は、讃岐うどんや和三盆でおなじみだが、この「木守」は、干し柿と小豆を煉り合わせた餡を、もち米粉の煎餅ではさみ、特産の高級和三盆糖の蜜を刷いた菓子である。女将の大内洋子《ひろこ》さんが「富山の干し柿をじっくり煮込んで柿ジャムにし、こし餡と寒天を加え、丁寧に攪拌してなじませます」と語るように、類の少ない柿餡の風雅な煎餅だ。

店は、明治維新で職を失った高松藩士三人が、三友堂の店名で明治五年（一八七二）に創業。「木守」の菓名は、千利休のエピソードに由来する。六人の門弟に、七個の茶碗の中から好みを選ばせた千利休は、柿を収穫する際に翌年の実りを願って枝に一個だけ実を残す情景になぞらえ、一つ残ったその茶碗を「木守」と名付けてこよ

なく愛した。
名器の誉れ高い「木守」は、のちに高松藩松平家に献上されたが、東京の松平邸にあったため、関東大震災で破損してしまう。そこで、茶人でもあった三友堂の二代目がこの名器を惜しみ、赤楽茶碗の巴高台を図案化した焼印を煎餅の中心に押すなど、銘菓にその思いを込めてつくったという。

小男鹿——口当たりしっとりの蒸し菓子

和三盆は、結晶の細かい上質な砂糖で、香川とともに徳島の名産品である。サトウキビの茎をしぼって煮詰めた白下糖を圧搾し、繰り返し練って白くし、乾燥させてふるいにかけてつくる。江戸時代から続く製法で、口どけのよい上品な甘さで、打ちものによく使われる。お盆の上で三度研ぐ（練る）ことから、和三盆と呼ばれるようになったという。

徳島県の代表的な土産菓子は、和三盆糖を固めた干菓子である。さらに、徳島駅からJR牟岐《むぎ》線で二駅の二軒屋駅には、注目すべき逸品「**小男鹿《さおしか》**」（**徳島県徳島市・小男鹿本舗冨士屋**）がある。冨士屋は、老舗らしい趣のある店である。

この「小男鹿」は、自然薯、小豆、鶏卵、和三盆糖などを練り合わせた棹物の蒸し菓子。口当たりは軽いが、しっとり感があり、甘さがほんのりと舌に流れる。茶菓として人気なのも頷ける。

菓名は、切り分けの側面にポツポツと浮き出した小豆が、鹿《か》の子斑《こまだら》に見えるところからの名付け。「小」は男鹿の接頭語で「若い」を意味し、恋を求めて鳴く若鹿として古歌に詠まれている。「小男鹿」は冨士屋の登録商標である。

関の戸――旅の疲れも吹き飛ぶ宿場町の銘菓

城下町に銘菓が多い理由はすでに述べた。それに負けずに繁盛したのが、門前町や宿場町である。門前町にはご利益土産が多く、宿場町では道中の休憩や腹ごしらえのため、茶

屋で腰かけて食べる餅や団子が人気を集めた。そのため、日保ちのするいわゆる土産菓子はそう多くない。
かつて人の往来が最も多かったのは、天下の大道・東海道である。その宿場では一日中茶屋が賑わったが、鉄道の開通や車社会になって、町とともにすっかり衰退してしまった。現在に残る名物菓子は、数えるほどしかない。
そんななかで、東海道五十三次における四七番目の宿場町・関に残る**「関の戸」（三重県亀山市・深川屋《ふかわや》）**は、昔から愛好者が多い名品の一つである。寛永年間（一六二四〜四五）から続く。
こし餡をやわらかい求肥で包んで、高級な和三盆糖をまぶしており、丸くて平べったいひと口サイズ。甘さが口の中で広がる、やさしく上品な味わいである。聞けば、三七〇年余、配合やつくり方は変えていないとのこと。

塗籠壁《ぬりごめ》、連子格子《れんじこうし》、虫籠窓《むしこまど》、庵看板など趣のある本店は、大火後の江戸中後期に建てられた。帳場格子や大福帳が置かれた店内にも、時代の匂いが漂う。

関という宿場町は、難所の鈴鹿峠《すずかとうげ》越えを控えた場所にある。東西二キロメートルにわたって、本陣、脇本陣、旅籠、商家などが両側に連なり、かなりの賑わいを見せた。鉄道からはずれたせいもあって、現在でも旧東海道で随一といわれる昔ながらの家並みが残る。関を歩いていると、江戸時代の旅人気分に浸される。

関の繁栄ぶりは、かつて一六基の立派な山車《だし》が練った関神社の夏祭りが伝えてくれる。狭い街道を大きな山車がギリギリに抜けることから、ものの限度を意味する「関の山」という言葉が生まれたという。その町並みの中心に店を構える深川屋の評判は、諸大名の口コミで京にまで届き、遠く離れた京都・仁和寺《にんなじ》の御用菓子司に任じられている。

みごとな町並みの残る関に来た人は、決まって深川屋に立ち寄るという。とりわけ「関の戸」を買い求める人が多い。町が銘菓を育み、銘菓が町に人を呼ぶ、うれしいケースといえよう。

黒大奴——菓子通もうなるツヤツヤのあんこ玉

鈴鹿の難所を越え、江戸に向かって伊勢、尾張と過ぎ、浜名湖を渡ると、遠江と駿河を区切って流れる大井川が見えてくる。その大井川を越えた場所に位置する島田も、五十三次で二三番目の宿場町として大いに栄えた。

ここで大いに売れたのが、清水屋の「小饅頭」である。享保年間（一七一六〜三六）に創業したのが五代目というから、相当の老舗といえる。看板菓子になったのは、明治時代に奇祭「島田の帯祭り」に欠かせない大奴《おおやっこ》にちなんで発売された「**黒大奴《くろやっこ》**」（**静岡県島田市・清水屋**）。日保ちが一〇日以上あり、菓子通には知られた佳品の一つである。

これはあんこ玉の一種で、丸めた小豆のこし餡に、小豆と寒天に昆布を加えた漆黒の羊羹液をとろりと掛けた。つるりと滑らかで、小豆の風味を包む羊羹の甘さが愛おしい。

開運老松——縁起のよいユニークな蒸し菓子

長野には、国宝の天守閣をいただく松本城がある。その城下町で、上高地や安曇野《あずみの》、北アルプスの玄関口としてもなじみ深い松本は、正月になると「あめ市」が立つ「お菓子の町」でもある。地元の小麦粉、ソバ粉、クルミなどを使った、郷土色が強いものが多いことが特徴だ。

とりわけよく知られているのが、松本城に向かう中央通りに大きく明るい店舗を構える開運堂である。オニグルミを散らした茶席菓子の

「真味糖《しんみとう》」で知られるが、創業八〇年を記念して五〇年前に創製した**「開運老松《おいまつ》」（長野県松本市・開運堂）**を百銘菓としたい。

この「開運老松」は、小豆、大手亡、砂糖、水飴、鶏卵、上新粉を原材料にしたこし餡生地で、小豆のつぶし餡を芯に包んだもの。円筒状に蒸し上げられた、同店の看板菓子である。

常務の渡邉恭子さんは「小豆は高級品種の十勝産エリモショウズで、すべて自社製の餡です」と語る。その自負からもわかるように、しっとりした餡は甘さ抑えめで小豆の旨さが伝わり、ニッキが香る生地は清々しい。

常緑と長寿の「老松」と店名の「開運」を合わせた菓名も縁起がよいこともあって、とくに祝意を込めた手土産に喜ばれている。

十万石まんじゅう——驚くほど飽きのこない饅頭

関東でも各地に城が築かれたが、強い印象を与えるような城下町はそう多くない。しかし、忍《おし》藩一〇万石の城下町、埼玉県の行田《ぎょうだ》は五指に入るだろう。江戸中期から始まった足袋製造の町としても知られる。

行田に築かれた忍城は、上杉謙信の攻撃や豊臣軍・石田三成の水攻めにも落ちなかった難攻不落の名城だが、わりあい知られていないように思う。それを記憶に留めさせるのが、小説・映画『のぼうの城』であり、「十万石まんじゅう」**（埼玉県行田市・十万石ふくさや）**である。

この看板菓子は、新潟県産コシヒカリの上新粉や良質なつくね芋など厳選の贅沢素材を使った皮で、北海道産小豆のこし餡を包んで蒸し上げる薯蕷饅頭である。皮はきめ細かくてもっちり、餡は甘さほのかで、二つ三つ立て続けに頰張っても、まったく飽きないやさしさだ。板画家の棟方志功が「うまい、うますぎる」と絶賛したのも頷ける。二〇一七年にはTVドラマ『陸王』（TBS系列）にも登場してブレイクした。

本店は、城の北側の大手通りにどっしりと重厚な白壁土蔵の構え。饅頭に焼き印された、彫りの深い「十万石」の文字にもそそられる。かつての城下の誇りを秘めたような、気品のある饅頭である。

饗の山——人里離れた地の人気銘菓

紀行を専らにフリーの文筆業に入って四〇年が経つ。バブルの時代は年の半分は旅に出るなど、全国各地を偏りなく訪ね歩いた。平成の大合併で市町村が大きくまとまってしまい、現在は全国で一七一八に激減した。その数に基づくならば、離島を除いて、足を踏み入れたことのない市町村は数えられるほどになった。

はるばる訪ねた地といえば、岩手県北東部の岩泉《いわいずみ》町が思い出深い。一五年前のことである。岩泉町は、日本三大鍾乳洞《しょうにゅうどう》の一つで、透明な地底湖のある龍泉洞でも知られる、清流と緑の町である。

JR山田線茂市駅から、極め付きともいえるローカル線の岩泉線で、紅葉の絶景を分け入る旅だった。その時、通学の女子高校生たちに車中で名物菓子を尋ね、教えられたのが

「饗《あえ》の山《やま》」（岩手県岩泉町・中松屋）である。その後、岩泉線は廃線になってしまった。
のどかな集落の中心にある店で買い求めたそれは、やわらかな舌触りの小豆餡の羊羹で、自家製の栗餡をたっぷりと包んだもの。きっちりと長四角に整えられた、贅沢な棹物菓子である。
当主の佐藤鉄太郎さんは「羊羹はふつう幅二〜三センチで切りますが、これはケチに八ミリくらいに薄く切ってください」という。その言葉に従って口に入れると、ほくほくのゆで栗餡とつるっとして滑らかな羊羹がぴったりとフィット。なるほど、羊羹と栗餡の量がバランスよく口の中で溶け合って、絶妙なおいしさである。試しに幅二センチほどに切って食べてみたが、栗餡の量が羊羹にまさってしまい、栗が上顎に張り付くような感じだった。

店は昭和元年（一九二六）の創業。菓名は、山の恵みをもたらす近くの饗の山からの名付けという。同店は「栗しぼり」や「水まんじゅう」もおいしいが、龍泉洞の水のおかげにちがいない。

はこだて大三坂――雑誌にもなかなか載らない洋風和菓子

水や空気がきれいなことは、何事によらず極めて大切な要素だ。

もちろん土産銘菓も例外ではない。大沼公園を抱え、駒ヶ岳を仰ぐ北海道七飯《ななえ》町に店を構える菓子舗喜夢良《きむら》の**「はこだて大三坂《だいさんざか》」（北海道七飯町・菓子舗喜夢良）**は、まさに知る人ぞ知る銘菓である。雑誌で頻繁に掲載される北海道のスイーツ特集でもめったにお目にかかれず、函館の土産店でも見かけない。東京の有名百貨店では、取り寄せ厳選銘菓に選ばれ、月に何日かは販売される。

「はこだて大三坂」は、小豆、白インゲン豆、卵黄、米粉を原材料に、棹物に蒸し上げられた創作性の高い菓子で、食感はふくよか、甘さはしみじみと口に広がるおだやかさ。和の材料なのに、どこか洋風のモダンな風味を感じさせる。それもそのはず、小豆で線

描きした大理石のような模様は、函館にある大三坂のおしゃれな石畳を表現している。大三坂は、カトリック元町教会やハリストス正教会、聖ヨハネ教会が集まる異国情緒が極まる一角で、晩秋は真っ赤な実をつけるナナカマド並木が美しい。「日本の道百選」の一つでもある。

この坂道には、文芸評論家の亀井勝一郎《かついちろう》生誕の地碑がある。そこに刻まれた「世界中の宗教が私の家を中心に集まっていた」の一文に、社長の木村公二さんが感慨を抱き、異国情緒の坂を広めたくこの銘菓を創製したという。

土地ならではの産物が菓子を生み、その菓子から風景が浮かぶ。土産銘菓の真骨頂といえるだろう。

紅いもタルト（沖縄県読谷村・御菓子御殿）

第7章

和洋折衷が楽しい新感覚銘菓10

日本は「あんパン文化」の国である。和の餡と洋のパンとであんパンを、和の鍋物と洋の牛肉とで牛鍋（すきやき）を生み出した。イタリア人にたらこスパゲッティは思いつかないだろう。

当然、お菓子の世界でも和洋折衷が少なくない。牛乳、バター、チーズ、チョコレートといった存在は当たり前になり、菓子にも多く取り入れられるようになった。なかでも土産菓子として大きくブレイクしたのは、昭和四三年（一九六八）、北海道は帯広の六花亭が発売した「ホワイトチョコレート」だろう。リュックを背負って北海道を旅行する「カニ族」と呼ばれた若者たちの口コミで、この白い板チョコの存在は全国に知られることになる。

ざびえる――五〇年の歴史をもつ和洋折衷菓子

だが、和菓子の洋風化は北の大地に始まった現象ではない。六花亭の「ホワイトチョコレート」に先立つ昭和三七年（一九六二）、九州の地に和洋折衷菓子が生まれている。それが、**「ざびえる」（大分県大分市・ざびえる本舗）**である。

この菓名は、ご存じ、日本最初のキリスト教宣教師として鹿児島に上陸したフランシスコ・ザビエルにちなんでいる。府内（大分市）に来たザビエルは、キリシタン大名・大友

宗麟《そうりん》の保護の下で南蛮文化を花開かせた。その功績を讃えて長久堂《ちょうきゅうどう》が創製した菓子である。
この「ざびえる」には「銀」と「金」の二種類がある。バターと卵の風味のしっとりした小麦粉生地で、ほんのり透明感のある白餡を包んだのが「銀」、ラム酒に漬けたレーズンを刻み込んだのが「金」だ。口当たりがやさしく、南蛮風な粋な味わいの菓子である。ビロード風の黒布を張った箱もしゃれている。
大分銘菓として定着していたが、製造元の長久堂が平成一二年（二〇〇〇）に倒産。惜しむ市民の声に押されて、元従業員らが県や菓子工業組合の支援を得る形で、翌年に復活している。

紅いもタルト――沖縄土産の新定番

　同じ復活の物語というわけではないが、村おこし事業に始まり、栽培農家、農業組合（ＪＡ）、役場などの応援を受け、沖縄の人気銘菓へと成長した菓子がある。**「紅いもタルト」（沖縄県読《よみ》谷《たん》村《そん》・御《お》菓《か》子《し》御《ご》殿《てん》）**である。

　紫芋をペースト状にして、舟形のビスケットにのせ、二〇〇℃で二〇分ほど焼き上げる。卵やバターを使った舟はサクッとして、しっとりした芋餡をほどよく支える。鮮やかすぎるといっても差し支えない紫色は、着色などは一切しておらず、芋そのものの色。見た目にも美しい銘菓である。

　以前に取材した折、営業部長から「波状の盛り付けは、生育した紫芋の葉が風にさわさわと波打つ畑の光景からひらめきました」と聞いた。

沖縄県内には同種の菓子がいくつか出回っているが、パッケージにあるように、御菓子御殿が元祖。かつての沖縄の土産売り場といえば、「ちんすこう」や「さーたーあんだぎー」が主役だったが、この「紅いもタルト」が風景を一変させた。沖縄土産に選びたい逸品である。

うなぎパイ――新幹線開通で売り上げもうなぎのぼり

どんな土地にも、何らかの名所・名産・名物がある。土産銘菓も、これらにちなむと知名度を上げやすい。その代表例として誰もが知るのは**「うなぎパイ」（静岡県浜松市・春華堂）**ではないだろうか。

同社は、創業時から「甘納豆」と「知也保《ちやぼ》の卵」が名物。二代目の山崎幸一社長は、それらに次ぐ菓子の開発に頭を悩ませていた。

昔、旅先で「どちらから？」とよく聞かれる社長が「浜松です」と答えるものの反応が薄く、「浜名湖の近くです」と言うと、即座に「ウナギのおいしい所ですね」と決まって返された。これをヒントに、ウナギをテーマにした浜松らしいお菓子をつくろうと思い立

ち、職人たちと一緒に取り組んだのが始まりだという。

　主原料は、小麦粉、バター、砂糖、ウナギエキス。ウナギ状に細長いパイの形は、試行錯誤を重ねた末に生まれた。隠し味にガーリックを入れたタレを、蒲焼さながらに塗るなどして完成したのが、昭和三六年（一九六一）のこと。発売してまもなく、鉄道弘済会（キヨスク）が販売を請け負い、昭和三九年（一九六四）には東海道新幹線が開業するなど、高度経済成長の激流に乗った。売り上げはまさしく「うなぎのぼり」だった。

　看板菓子となった「うなぎパイ」は、ガーリックを秘めた軽やかに甘いタレをまとったバター風味のパイ地で、サクサクと軽い口当たりが香ばしく砕ける。和洋折衷というよりは洋菓子そのものだが、甘さはけっして強くなく、いつ食べてもおいしい。軽やかな味わいに、ついついもう一本と手が出てしまう。

有名な「夜のお菓子」というキャッチフレーズは、二代目社長が「夕食後の一家団欒《だんらん》のひとときに」との思いで考案したという。精力増強のウナギと結び付けられ、あらぬ解釈をされたこともあったという。そんな会社側の困惑もなんのその、それがかえって知名度や販売力の向上へとつながった。

静岡県内ではダントツの売り上げを誇る銘菓だが、名古屋駅構内の売店でも三指に入る人気。ウナギの激減が憂慮されているが、この土産銘菓は夏に限らず年中、バテ知らずである。

鳩サブレー——鎌倉生まれの東京土産

この「うなぎパイ」と同様、鎌倉生まれにもかかわらず、東京駅で圧倒的な売れ行きを誇る「越境菓子」が**「鳩サブレー」（神奈川県鎌倉市・豊島屋）**である。

小麦粉を砂糖、バター、鶏卵でこね、鳩をかたどって焼いたシンプルなクッキーで、サクッとした歯応え、ふわっと漂うバターの香りと味。香ばしくてやさしい甘さのロングセ

ラーである。

本社があるのは、鳩が群れ遊ぶ鶴岡八幡宮の参道の段葛《だんかずら》沿い。三代目社長の故・久保田雅彦さんに取材した際、懐かしくて飽きないおいしさのわけを問うと、「シンプルでプリミティブなのがよかったんでしょうね」との答え。「お客様の意見も聞いて、原材料のワリ（配合）、耳たぶよりやわらかくするこね、焼き上げ方のいずれにも神経を遣ってきました」という。

明治二七年（一八九四）創業の豊島屋は、「古代瓦せんべい」で始まった和菓子屋である。創業三年後の明治三〇年（一八九七）、外国人からもらった楕円形の大きなビスケットを食べた進取の気性に富む初代が、バターを使っていることを知るやいなや、あちらこちら探し回って手に入れ、失敗を重ねてビスケットらしきお菓子をつくった。これを欧州航路帰りの友人の船長に出すと、パリで食べた「サブレー」という菓子に似ているといわれ、意を強くして本格的に取り組んだという。当初はカタカナになじめず「鳩三郎」と発音していたそうだ。和の心をもった洋菓子との心意気だったのかもしれない。

創製して一〇年ほどは「バタ臭い」と売れ行きはさっぱりだった。だが、大正時代に高名な小児科の医学博士が「離乳期の幼児食に最適」と新聞記事に書き、これがきっかけで売れ始めた。地元の鎌倉でも人気を呼んだのは、政財界や文化人の邸宅や別荘が多く、「西の芦屋《あしや》、東の鎌倉」とも呼ばれたハイカラな町だったからだろう。

さが錦――職人の技が光る雅な逸品

第5章でも述べたように、佐賀は「歩けば丸ボーロに当たる」といわれるほど、南蛮渡来の菓子が名物の町である。ポルトガル船員の保存食に改良を加えて、日本人好みに仕立て上げた丸ボーロは押しも押されもせぬ佐賀の土産銘菓だ。小麦粉、砂糖、鶏卵を練って丸形にしてこんがり、ふんわりと焼き上げたシンプルな焼き菓子である。祝い事から手土産、おやつにも欠かせない。

そんな南蛮菓子の風土にあって、創作菓子にも力を入れているのが、創業昭和三年（一九二八）の村岡屋である。もともとは羊羹でスタートした店だが、昭和四六年（一九七一）、四年の月日をかけて創作したという洋風和菓子を販売した。**「さが錦」（佐賀県佐賀市・村岡屋）**である。今では同店の看板菓子の一つになった。

浮島《うきしま》と呼ばれるやわらかい生地は、小麦粉、山芋、砂糖を混ぜたもの。そこに蜜煮の小豆や栗をちりばめ、層をなすバウムクーヘンではさみ、チョコレートで貼り合わせた。和と洋が織りなす銘菓で、美しい縞模様が高級織物の佐賀錦を表現している。

見るからに雅《みやび》で、口溶けやさしく上品な甘さだ。お茶によし、コーヒーによし、紅茶によし。

最近ラインナップに加わった、抹茶風味も評判がいい。棹物とカットした個包装入りがある。

華——千年の古都に吹く洋の風

京都といえば千年の古都。なかでも京菓子が著しく発達したのは、江戸時代後期からといわれている。その前後から、二〇〇年、三〇〇年と続く老舗も珍しくない。

そうしたさまざまな伝統銘菓とともに、新しいお菓子も生まれている。この和洋折衷の章で取り上げたいのが、**「華《はな》」（京都府京都市・鼓月）**である。製造販売の鼓月は、昭和二〇年（一九四五）創業の、京都ではいかにも新参組だが、そのぶん伝統に縛られない新風の菓子づくりで知られている。

看板菓子の「華」は、和菓子に例の少なかった乳製品を使って、昭和三二年（一九五七）に発売された。包装を解くと、彫りの鮮やかな大輪の菊花をかたどった、きれいな焼き色のついた焼饅頭が目に入ってくる。見るからに和菓子そのものだが、口にすると、思いがけず皮からふわっとバターの風味が漂い、白インゲン豆と卵黄の餡が、ほろほろっと舌にこぼれる。桃山風の焼き菓子である。

金色を帯びた包装紙の「華」の文字は、妙心寺元管長の古川大航師の筆になる。屋号には「打てば響く鼓に想いを寄せ、その名あまねく中天に響き、月にも届け」の意が込められているという。

「華」の発売から遅れること六年、同社からは、ギザギザ波状のワッフル生地でシュガークリームをはさんだ洋風の「千寿せんべい」が創製された。こちらも、和菓子主流の京都土産にあって、十指に入る人気ぶりだ。いずれも和洋折衷の趣が素晴らしい逸品である。

反魂旦——薬の街が生んだココア饅頭

伝統菓子が根強い人気を誇る土地といえば、北陸の富山も忘れてはならないだろう。かつ

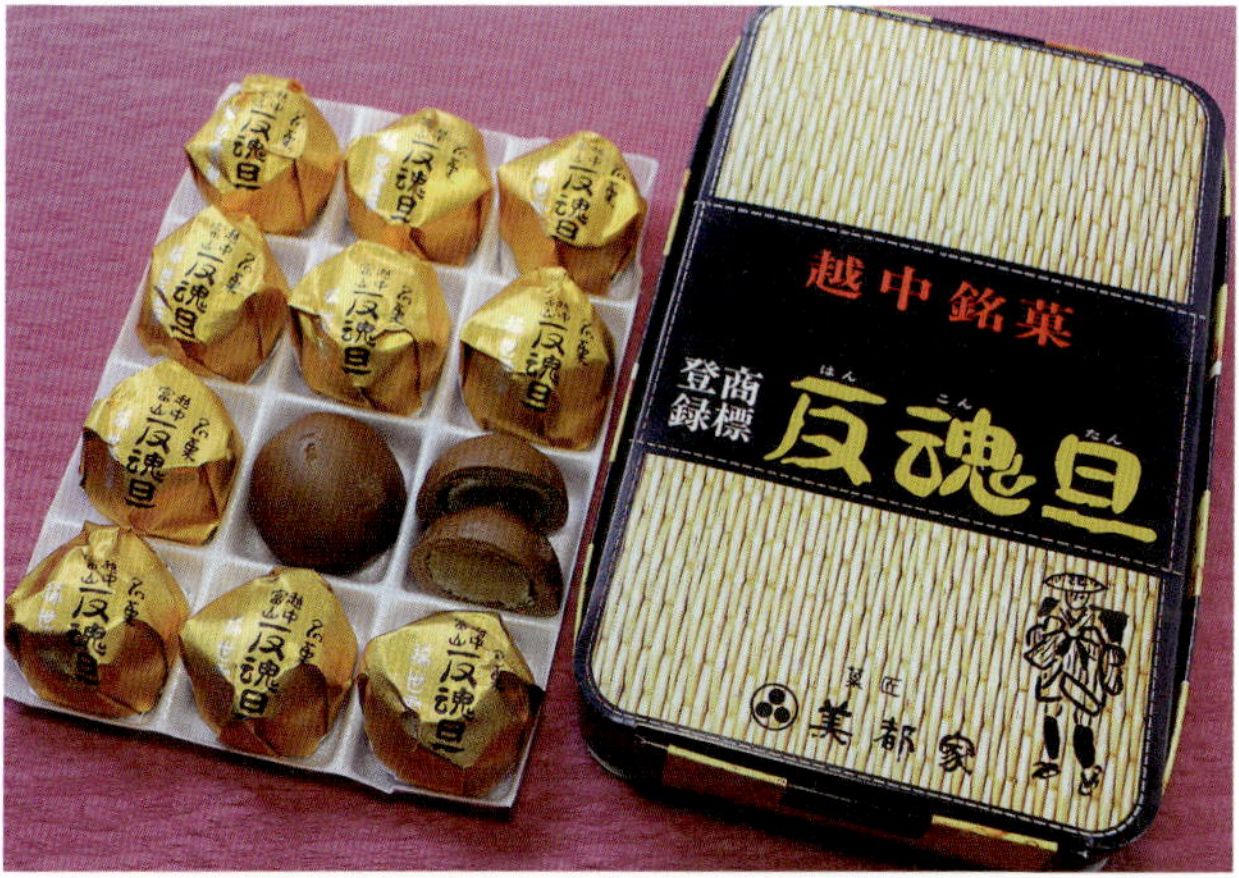

て、柳行李《やなぎこうり》を背負った行商人が全国各地の家庭へ薬を配置したことから、「売薬の国」ともいわれる。六神丸《ろくしんがん》やケロリンなど著名な薬が多くあるが、とりわけ知られているのが、腹痛や胃腸病などに幅広い効能をもつ「越中富山の反魂《はんこん》丹《たん》」だ。

富山には、これをもじった「反魂旦」「反魂飴」「甘金丹《かんこんたん》」などのお菓子がある。なかでも、チョコやココアが入った皮で、やわらかい白手亡豆を包んだ洋風味の**「反魂旦」（富山県高岡市・美都家《みつや》）**がおいしい。ふわっとして、しっとりと甘く、幅広い層に受け入れられる、小ぶりで愛らしい焼き饅頭である。

菓名だけでなく、形も薬玉を模したもの。金色の紙で個包装され、数もあって、賞味期間も

長い。話題性もあるので、職場への出張土産にうってつけだろう。

外箱は売薬さんが担いだ行李を模し、おまけにサイコロ形の紙風船も付いている。風土性や季節感、おいしさはもちろんだが、このようにクスリと笑いたくなる土産銘菓もセンスが評価される。

ままどおる――県を代表する人気洋風銘菓

福島県中通りの中央部、鉄道や道路の要衝として活気のある郡山市では、多くの旅人や市民が名物の「柏屋薄皮饅頭」（福島県郡山市・柏屋）を買い求める。それとともにここ三〇年、人気が急上昇したのが**「ままどおる」（福島県郡山市・三万石）**である。

バターと卵を使った小麦粉生地で、ミルク味を含む白餡を包み、ふんわりと焼き上げた洋風饅頭。馥郁とした皮とほっこりクリーミーで滑らかな餡がほろりと溶け合う。慈しみある甘さに、気持ちまでほぐされるような菓子である。

菓名はスペイン語で「お乳を飲む子」の意味。赤ちゃんをいとおしむママのようにやさしい風味は、子どもからお年寄りまで幅広く好まれている。創業は昭和二一年（一九四六）のことで、「ままどおる」が登場したのは、まだ地元に洋風銘菓が少なかった昭和四二年（一九六七）のことである。

同じ三万石の商品では、小麦粉とバターを使ったパイ生地で、クルミ入りの餡を包んで香ばしく焼き上げた一部地域限定発売の「エキソンパイ」もおいしい。

喜久福——和洋のバランスが絶妙なクリーム大福

東北のなかでも、とりわけ宮城県と山形県には餅好きが多い。正月に限らず、ハレの日には餅をよく食べる。昔は家庭でも餅をつくことが多かった。こうした風習は、領民の贅沢を戒めた伊達藩にあって、ハレの日だけは農民や商人にも餅振る舞いを許したことから続くといわれる。季節や行事に限らず、今でも「ずんだ餅」がよく食べられる。

そんな風土にあって、和洋折衷の逸品で人気を集めているのが、抹茶生クリーム大福の「**喜久福**」**（宮城県仙台市・お茶の井ヶ田喜久水庵）**だ。創製したのは、大正時代に創業のお茶の井ヶ田が運営元の喜久水庵。飲むだけではない「食べるお茶」を目指して、抹茶ソフトクリームや抹茶生クリームどらやきなどの開発を経て、平成一〇年（一九九八）に発売したのが「喜久福」である。

やわらかくてコシのある薄い餅皮、和の小豆煉り餡と洋の抹茶生クリーム。これらの素材が実に相性よく、とろけ合うような甘さにのどがゴクリと鳴る。そのほかにも、ほうじ茶餡とほうじ茶生クリーム、ずんだと生クリーム、小豆餡と生クリーム入りがあり、計四つのバリエーションが楽しめる。

これほど和と洋がしっとりと溶け合った餅は珍しい。和洋折衷の逸品としてぜひ味わっていただきたい。

マルセイバターサンド――開墾精神を伝える大人のお菓子

北海道といえば、良質な牛乳、バター、チーズでおなじみの酪農王国である。そのため か、北海道では、和菓子よりも洋菓子系の土産銘菓の開発が優位を占める。すでに大正時代や昭和初期には「バター煎餅」や「山親爺」、「バター飴」、「トラピストクッキー」などがあった。ミルクやバターをふんだんに使ったこれらの菓子は、長い間、北海道土産として人気を博した。

昭和五〇年代に入ると、次々に新しい洋風菓子が誕生した。それらの多くは北海道でしか買えないこともあって、いっそう名を高めることとなる。その代表菓子が**「マルセイバターサンド」（北海道帯広市・六花亭）**である。

北海道を代表する銘菓のホワイトチョコレートとレーズンを合わせたクリームを、クッキーでサンドした洋風菓子だ。サクッと砕けるクッキー、しっとりした甘さのバタークリ

ーム、芳醇な味わいのレーズン。これらが醸す味は絶妙なおいしさである。

誕生のきっかけは、同社が発売したホワイトチョコレートの大ヒット。創業者の小田豊四郎さんが「これを使った新しいお菓子はできないだろうか」と試行錯誤を重ねて誕生したのが、「マルセイバターサンド」である。前身の帯広《おびひろ》千秋庵《せんしゅうあん》から六花亭へと社名を変更する際の記念商品として発売した。

包装紙の絵柄は、明治時代に開墾を志して十勝に入った依田勉三らが興した晩成社がつくったバター「マルセイバタ」の復刻ラベルだ。菓名もそれにちなむ。六花亭は、入植時の「開墾のはじめは豚とひとつ鍋」の句にヒントを得て、「ひとつ鍋」という最中も発売している。

艱難辛苦《かんなんしんく》の開拓の祖への顕彰の思いを込めている。

また同社では、ブラックココア入りのビスケットでホワイトチョコレートをサンドした「雪やこんこ」も秀菓。ビスケットにポツポツと空いた穴からのぞく白いチョコが、夜空に舞う雪のようだ。

なお、屋号の「六花」は、六角の結晶をもつ雪の異称である。東大寺元管長である故・清水公照師の名付けと聞く。

ごま摺り団子（岩手県一関市・菓匠松栄堂）

第8章

唯一無二のユニーク銘菓10

食べ物は視覚、味覚、嗅覚、聴覚、触覚で味わうものである。とりわけ和菓子はその感が強い。まずは包装紙やパッケージを眺めることから始まり、色や形など菓子の見た目にそそられ、手触り、香り、歯触りを感じながら、舌で味わう嗜好品である。

そうした喜びのある菓子とて、星の数といっては大袈裟だが、何万の単位で存在する。そのなかで私が賞味し、味も名前も覚えているのは数千個といった程度だろうか。本章では、見た目やコンセプトがユニークで、土産として手渡す際に話題に花開くような銘菓を選んでみた。もちろん、味の方も折り紙付きである。

特に旅先の土産売り場は、陳列商品が多く、買う方も売る方も一瞬勝負の場である。パッケージやネーミング、味、色、形など、目につきやすい個性的な商品が目白押しだ。

鶏卵素麺——つゆにつけないようご用心

そうしたなかでまず思い浮かぶのは、卵黄と砂糖だけでつくられた「**鶏卵素麺**《けいらんそうめん》」（**福岡県福岡市・松屋**）である。黄色く細長い麺状の卵菓子で、見た目には卵黄たっぷりの玉子素麺そっくり。つゆにつけて食べるつけ麺と間違えた人もあるほどだが、口にすると、しんなりした舌触りの後に、ふわっとした黄身の匂いとともに、濃厚な甘さが漂う。一口大

に切り分け、竜皮昆布で巻いた「たばね」もある。

一風変わったこの銘菓は、どのように生まれたのだろうか。店の縁起では、延宝元年（一六七三）創業の初代利右衛門が長崎に赴き、製法を学んで博多に戻った後、研究・工夫を重ねて生み出したとある。初代が教わったのは、長崎に来ていたポルトガル人だというから、南蛮渡来の珍菓といえよう。

この「鶏卵素麺」を黒田藩第三代藩主に献上すると、大いに喜ばれ、藩御菓子司を命ぜられた。苗字帯刀と黒田家の定紋「藤巴《ふじどもえ》」を商標にすることが許され、それが現在でも使われている。ひととき営業が途切れたが、支援者があって暖簾が守られている。

福岡銘菓には佳品が多いが、土産品が人とかぶることが少なくない。そんな時には、見た目にもインパクト大の「鶏卵素麺」はいかがだろうか。

一〇香――中が空洞の不思議な焼き菓子

長崎に伝来したものは南蛮菓子だけではない。たとえば、ゴマをまぶして焼いた「金銭《きんせん》餅《びん》」や、ねじった揚げ菓子の「麻花兒《まふぁーる》」など、中国から伝わった唐菓子も多い。

なかでも、ほかの土地にまで伝わっている菓子は「一口香《いっこうこう》」だろう。歴史ある長崎で、その味を伝え続けるのが**「一〇香《いちまるこう》」（長崎県長崎市・茂木一まる香本家）**である。同社は弘化元年（一八四四）創業で、「一〇香」は登録商標だ。

一見すると、ただの饅頭である。しかしこれを指で摘まむと、びっくりするほど軽い。噛んでみると、煎餅のようにバリッと砕け、おやっと首をかしげたくなる。中が空洞なのだ。しかし、内側に張り付く香ばしい甘さの蜜には、ナニコレと驚かされる。不思議なおいしさをもつ菓子である。一部では「からくり饅頭」と呼ぶ向きもあるが、どちらかといえば丸い煎餅である。

本店は、長崎市街からバスで三〇分前後の茂木港に位置する。かつて取材で訪ねた折、

この「一〇香」をつくる場面を目にしたことがある。水飴で練った小麦粉生地で、黒砂糖を包んで丸め、鉄板にのせて焼く。するとみるみる膨張していく。それにつれて中が空洞化し、皮の内側に溶けた蜜が飴状に張り付くのだ。上下の焦げと底の白ゴマが香ばしい。

六代目当主の榎《えのき》巍《たかし》さんは「返品や交換を希望する電話をもらうこともあります」と苦笑する。それほどユニークな特徴をもつ銘菓といえよう。

六代目の話によると、長崎港に向かっていた中国（清国）船が、茂木港に避難したことがあった。同地で雑貨商を営んでいた榎氏の先祖が、その船員から唐饅頭をもらい、これがヒントになって生まれた菓子だそうだ。同種の菓子は、佐賀や嬉野では「逸口香」、愛媛県宇和島では「唐饅頭」の名で製造発売されている。ぜひ一度は食べ比べてみたい。

夏蜜柑丸漬――息を呑むほど美しい逸品

和菓子に用いられる原材料は、米、小麦粉、小豆、砂糖、塩、寒天などが中心である。しかし、果実、木の実、野菜などを使ったものも少なくない。たとえば「いちご大福」のように、菓子の一部に果実を使用するものもあれば、夏ミカン、ビワ、ブドウ、リンゴ、柚子などで、果実を丸ごと使った菓子もたくさんある。

そのなかでも大胆で見た目も美しいので、ぜひとも百銘菓の一つに数えたいのが、**「夏《なつ》蜜柑《みかん》丸漬《まるづけ》」（山口県萩市・光國本店）**である。

城下町の萩では、武家屋敷の土塀や石垣の上で、酸味が強い夏ミカンがたわわに実っている。「夏蜜柑丸漬」は、この夏ミカンを使った古くからの名物として知られる。

光國本店は、安政五年（一八五八）の創業。夏ミカンの皮を細切りにして糖蜜で煮詰めた「萩乃薫」で評判を取った。その後、大正五年（一九一六）には「夏蜜柑丸漬」の製品化に成功した。

夏ミカンの表皮をごく薄く削り、底に穴を開け、果肉はそこから取り出してしまう。夏ミカンはアク抜きしてから糖蜜で煮て、底の穴から白羊羹を流し込む。その後、グラニュー糖をまぶして乾燥させれば完成である。見た目にもユニークだが、切り分けるとさらに美しさが際立つ。夏ミカンの甘酸っぱい香りと風味に、白羊羹がさわやかに引き立つ逸品である。手間暇をかけた果実菓子なのだ。

萩に夏ミカンが多い理由は、明治維新で職を失った武士たちに対して、藩主・毛利氏が屋敷内での栽培を奨励したためだという。萩は夏ミカンの日本最初の栽培地とされ、萩から近い青海島には、夏ミカンの原樹がある。江戸時代、海岸に流れ着いた種を蒔いたら、育ったものだ

と伝わる。こうした歴史を感じながら味わう「夏蜜柑丸漬」は、よりいっそうおいしく感じることだろう。

陸乃宝珠――マスカット丸ごとの夏季限定品

夏つながりで私が思い出すのは、初夏が収穫期のマスカットである。浅緑色のさわやかさがたまらない、「緑の宝石」と称されることもあるブドウの高級品種だ。

マスカット生産量で全国の九割を占めるのが岡山である。当然、ご当地では、季節になると、果物店やスーパーはもちろん、駅の売店やホームでもマスカットが売られている光景を目にする。

このマスカットを和菓子にしたのが、「**陸乃**《りくの》

宝珠《ほうじゅ》」（東京都中央区・源《みなもと》 吉兆庵《きっちょうあん》）である。夏季のやや高級な手土産として必ず感激されるだろう。見た目からして美しい逸品である。同店の店舗ならば、岡山以外でも入手できる。

マスカットの収穫後、手作業で新鮮なうちに一粒丸ごと薄い求肥で包み、最後に砂糖をまぶす。口に入れると、甘やかな香り、砂糖のシャリ感がたまらなく、ぷちっとした歯触りの皮から、芳醇な果汁が弾け出る。気品のある甘さとおだやかな酸味が舌の上で広がる絶品だ。五月一日〜九月中旬の限定で販売されるのも、この菓子の希少価値を上げている。

ちなみに、マスカットの語源はムスク（麝香《じゃこう》、香料）にあり、正式呼称はマスカット・オブ・アレキサンドリアという。ご存じのように、アレキサンドリアとは地中海沿岸の貿易港。マスカットの原産地は地中海沿岸で、ここから世界中に広まったことに由来する。

丸柚餅子――老舗専門店のみごとな手仕事

果実菓子といえば、柚餅子の存在も忘れてはならない。

晩秋に実る柚子は、夏ミカンと同じように、酸味が強すぎて生食には向かない。しかし、お菓子に丸ごと使われることは少なくない。なかでも柚餅子は全国各地に多く、同じ名前

をもちながら、これほど製法も風味も多種多様な果実菓子はほかにない。

そのなかでも私が推したいのは、能《の》登《と》半島でつくられる「**丸柚餅子**」（**石川県輪島市・柚餅子総本家中浦屋**）である。歴史の古さや風味のよさに特筆すべきものがあり、見た目にも美しい逸品だ。

半年かけてつくるこだわりがうれしい。完熟した柚子の中身をくり抜き、米粉、餅粉、白味噌、砂糖などを練って調味したものを詰め、数回に分けて蒸し上げる。それを半年近く天日乾燥させ、ようやく完成である。

食べる時には、スライスしていただく。つややかな飴色が美しく、柚子ならではのスキッとした香りが立ち、さっぱりした甘みや熟成された旨みがじわりと伝わってくる。時間をたっぷりとかけたゆえの逸品である。

柚餅子総本家中浦屋は、明治四三年（一九一〇）の創業。江戸時代にこの地方に伝わる製法を継承し、現在にまでこの味を伝えている。老舗専門店のみごとな手仕事をぜひ味わっていただきたい。

気になるリンゴ——インパクト大の果実菓子

柚子とは分布を異にして、寒冷地で実る果実にリンゴがある。そのままで食べてももちろんおいしいが、お菓子の材料として用いられることも多い。その代表選手は、洋物のアップルパイだろう。

ところが、日本一のリンゴ王国である青森県には、大胆にも「ふじ」を丸ごとパイ地で包み、焼き上げた逸品がある。その名も**「気になるリンゴ」（青森県弘前市・ラグノオささき）**という。

リンゴの芯をくり抜き、シロップに漬けて焼き上げた。青森ならではの珍菓で、見た目のインパクトでは他の追随を許さない。子どものいるファミリーに喜ばれる土産銘菓である。ネーミングの「気になる」は「木になる」とかけているとのことだ。

味の方はどうか。パイ生地はバター風味の層をなし、りんごはシャキシャキと生の食感を残す。両者がしっとりフィットして、いわゆるアップルパイよりアップル度が高い佳品である。

ラグノオささきは、明治一七年（一八八四）に創業。弘前城の大手門近くの百石町の本店をはじめ、青森県内に多数の店舗をもつ老舗である。と同時に、「パティシエのりんごスティック」や「森ショコラ」など、多様なリンゴ菓子を世に問う、進取の気性に富む菓子店でもある。

茶壽器——丸ごと食べられる茶器のお菓子

土産銘菓を選ぶ際には、その土地ならではのおいしさがあるかどうか、を第一義としたい。せっかく買ってきた土産がおいしくなければ、

土産話も弾まないだろう。
だが、味に加えて、そこへ行ってきた証明になるような点も大事だろう。どこでも入手できる菓子ではつまらない。できることなら、奇抜なネーミングや由来があり、楽しさを誘う仕掛けを備えた銘菓があれば、話題には事欠かないだろう。
そんな銘菓が京都にあった。土産銘菓が数えきれないほどに多く、また、格式高い和菓子の名品が多い土地にあって、**「茶壽器《ちゃじゅのうつわ》」（京都府京都市・甘春堂《かんしゅんどう》）**ほど異彩を放つ菓子はないだろう。
菓子でできた抹茶茶碗のなかに、美麗な干菓子が入っている。これを摘まみながら、菓子の茶碗でお茶を嗜《たしな》もうというのだ。この茶碗は、寒梅粉や砂糖などを混ぜ合わせてつくられたものだが、見た目はまさに陶磁器そっくり。茶器として三〜四回は使えるそうだが、パリッと割って口に運べば、ニッキの香り高い煎餅として味わうことができる。遊び心にあふれた銘菓である。

誤解なきように捕捉すると、甘春堂は、慶応元年（一八六五）創業の格式高い老舗である。本店には粋なカフェが併設され、近くには「国家安康」「君臣豊楽」の文字が家康の怒り（難癖）を買い、豊臣家滅亡のきっかけとなった梵鐘《ぼんしょう》の下がる方広寺がある。

御目出糖──赤飯にも似た祝い菓子

ネーミングのインパクトでいえば、**「御目出糖《おめでとう》」（東京都中央区・萬年堂）**も負けてはいない。お正月に限らず、誕生日、入学、就職、結婚、記念日など、あらゆるお祝いのシーンに使える銘菓である。

萬年堂の前身は、江戸時代初期に京都で創業した老舗。明治の東京遷都と時を同じくして移転し、現在は銀座に店を構える。風変わりで唯一無二の「御目出糖」は、東京に移転してから創製された。現在では、これが看板菓子となっている。

一見すると、見た目にはまるで重箱に詰めた赤飯である。北海道産小豆のこし餡に砂糖

を加え、上新粉やもち米を混ぜ合わせ、そぼろにして蒸し固めた、いわゆる村雨だ。口に運ぶと、やはりもちもちの赤飯風で、噛んでいるとふんわりとした甘さが舌に広がる。量感があるのでおやつにもお薦めだが、お祝いの席に持っていけば盛り上がるだろう。

ごま摺り団子——ご機嫌伺いの最終手段？

ところで、土産銘菓はお祝いの席や謝罪に向かう際はもちろん、ちょっとしたご機嫌伺いにも真価を発揮する。土産一つで関係がよくなるのであれば、安いものである。できるかぎりの気配りを見せ、相手にふさわしい土産を持っていきたいものである。

その点で極め付きのユニークな銘菓が、その

名もずばりの**「ごま摺《す》り団子」（岩手県一関市・菓匠松栄堂）**である。

ひと口サイズの団子は、上新粉を蒸してついたもので、もちもちとした弾力が魅力だ。口に運ぶと、途端に黒いゴマの摺り蜜がとろ～っと甘く口中に溢れ、誰しも思わずにっこりする。甘い言葉をささやかれたかのように心に染み、言葉を使わずとも「ごま摺り」が果たせる、というと言いすぎか。冗談が通じる相手の土産にどうだろうか。もちろん味は確かである。

松栄堂は、明治三六年（一九〇三）の創業。旧伊達藩は餅の国で、小豆、クルミ、ずんだなどを餅に入れて食べることが多い。そこへ、滋養豊富なゴマを封じ込めてみたらどうかという発想が生まれ、三〇年ほど前に発売されたのが、この「ごま摺り団子」である。たちまち人気菓子になった。

同じ松栄堂では、「田むらの梅」も名高い。蜜煮した青紫蘇の葉で、求肥を包んだ秀菓である。

ワイロ最中――田沼も驚くしたごころ

同じような菓子が静岡県にもある。その名も**「ワイロ最中」（静岡県牧之原市・桃林堂）**である。販売地が地元に限られ、数量も多くないので入手しづらいが、冗談にして大まじめな土産菓子である。

平成の大合併前の相良《さがら》町（現・牧之原市）は、徳川将軍の家重・家治から厚い信任を受けた田沼意次《おきつぐ》が相良城城主となり、急激に発展した城下町である。意次は、善政を敷いたとして地元では敬慕される存在だ。しかし、老中として権勢を振るった頃に、反勢力のプロパガンダによって、賄賂《わいろ》政治の権化とされたことがある。こうした汚名を払拭すべく、また町おこしの目的も兼ねてつくられたのが、この「ワイロ最中」である。

インパクト大の箱を開けると、饅頭の写真が印刷された紙に「付け届けは饅頭にかぎるのう。」の文字がある。さらにこれをめくると、小判をかたどった最中が並んでいる。小

さな熨斗袋《のし》の表には「したご、ろ」と書かれ、相良茶のティーバッグが入っている。
芸の細かさには笑ってしまうばかりだが、味の方もどうしてなかなか。パリッとした種皮に、甘さしっとりのつぶ餡と甘さすっきりの茶餡の二種が入っている。
地元では「着想が面白い」との評価がある一方で、「本当に田沼意次のイメージアップになっているの？」という声も。ともあれ、上司や家族などに「ワイロ最中」を差し出せば、何かを「忖度《そんたく》」されることはないにしても、笑ってもらえることは確かだろう。

元祖冨貴豆（山形県山形市・まめや）

第9章

本当は教えたくない我が偏愛銘菓10

いよいよ最終章になった。さまざまな設定や切り口によって、独断と偏見、されど、大いなる躊躇と少なからぬ配慮をまじえながら、選んできたつもりである。種類や地域にも、なるべく偏りが出ないようにした。

しかし、一〇〇という数の制限の下で、愛すべき菓子たちをいくつも置き去りにした。「百銘菓」選びは迷い旅である。本章では、この本を閉じるにあたって、我が偏愛する有名無名の土産銘菓を取り上げる。

各地を旅して気付くことの一つは、小さな町でもたいてい和菓子屋を一〜二軒見かけることである。また、軽羹の鹿児島、カステラの長崎など、同種の菓子が共存共栄する町も少なくないことにも驚く。そして、それらの町では決まって「元祖」を名乗る店がある。

塩味饅頭——塩が引き立てるさわやかな甘み

そうした町の一つが、江戸時代、塩田で栄えた赤穂《あこう》である。ここには、特産の塩でさわやかな甘さを引き出す、塩味饅頭の店が七軒ほどある。その発祥は、赤穂の海に沈む夕日に感銘を受け、元祖播磨屋の初代が半月状にかたどって創製した「汐見まん志う」と伝わる。

二代目がこれを赤穂藩に献上すると、藩主に大いに喜ばれて「利久」の名を賜り、御用菓子司に任ぜられ、**「塩味《しおみ》饅頭」（兵庫県赤穂市・元祖播磨屋）**の呼称を勧められる。

この「塩味饅頭」が実においしい。塩と見まごうばかりの白い外皮は、寒梅粉と砂糖からなる落雁仕立て。寒梅粉は、もち米を焼いて細かな粉にしたもので、中には北海道十勝産の餡がたっぷり詰まっている。

ほろほろ崩れそうな薄めの皮、しっとりとしてほっこりのこし餡。このバランスが実にほどよく、ほのかな塩味にきめ細かな餡の甘さもすっきり。風味さわやかでお茶にぴったりだ。

包装紙には、同店が所蔵する錦絵「義士討入之図」が印刷してあり、忠臣蔵ファンに喜ばれている。同種の菓子を幾種か食べたが、私が買うのはこの元祖の店だけになった。

源氏巻――「山陰の小京都」に伝わるカステラ巻き

その赤穂と奇妙な縁を感じる菓子の町がある。島根県の西南端に位置する津和野である。津和野は、細長い盆地に石州瓦の家並みを連ね、なまこ壁の土塀や蔵造りの商家が残ることから、「山陰の小京都」とも呼ばれる町である。

町を歩くと目につくのが、石州和紙の愛らしい津和野人形、それに名物菓子の「源氏巻」の店である。キツネ色にこんがり焼き上げた小麦粉生地で、小豆のこし餡を平たく巻いた銘菓だ。驚くべきことに、この小さな町に九軒もの店がある。どこも製法や味に大差なく、粒ぞろいで共存している。そのなかで元祖を名乗る店が、殿町《とのまち》通りから弥栄《やさか》神社への途中に位置し、昔ながらの手焼きを続ける源氏巻総本舗宗家である。

また、明治一八年（一八八五）創業の山田竹風軒本店も、先導的な存在として知られる。私は同店の**「源氏巻」（島根県津和野町・山田竹風軒本店）**が好きだ。ふんわりとしたカステラ生地は、卵の風味がほんのりとして、焼き香も芳しい。きめ細かでしっとりとしたこし餡は、生地とぴったりなじみ合って、しみじみと味蕾《みらい》に染みる。素朴なお菓子だけに、

おいしさも素直に伝わってくる。

菓名の由来は、津和野藩家老の多胡外記《たごげき》が吉《き》良《ら》上野介《こうずけのすけ》に贈った、小判包みの表書き「源氏巻」にちなむ。この話には裏がある。勅使接待役の命を受けた藩主亀井茲親《これちか》が、その指導役にあった吉良上野介にひどく疎んじられ、討とうとまで思い詰めた。その殿の心中を察した家老が、巻物の名目で吉良に小判を贈賄した。それが効いたのか、茲親は丁寧な指導を受け、無事にお役を果たしたという。

この「源氏巻」の手を使えば、赤穂藩浅野内匠頭の悲劇はなかっただろう。使わなかったから、忠臣蔵の物語が生まれてしまった、というのは言いすぎだろうか。真偽はともあれ、一個の菓子に歴史のアヤを思う。

元祖冨貴豆──手が止まらない秘伝の味

「○○殺すにゃ刃物はいらぬ、雨の三日も降ればいい」などという戯《ざ》れ句《く》がある。これに倣えば「和菓子屋つぶすのに」の後に続くのは、「小豆を売らなけりゃいい」がくるだろう。確かに、饅頭、羊羹、最中、餅など、多くの和菓子に小豆は欠かせない。しかも、日本全国、ほとんどの店が「北海道十勝産小豆を使っています」や「丹波産大納言を取り寄せております」などと胸を張って言う。

だが、和菓子の原材料に欠かせないのは小豆だけではない。大豆やインゲン豆、大福豆なども はずせない。そして、これらの豆そのものをお菓子にしたものもある。私が真っ先に思い浮かべるのが、青エンドウ豆をほくほくと炊き上げた**「元祖冨貴豆《ふうきまめ》」（山形県山形市・まめや）**である。

山形はかつて紅花で栄えた地で、現在では、サクランボ、ラ・フランス、ブドウなどの果実王国として知られる。また、「西の京都、東の山形」と称されるように、有数の漬物王国でもある。だが、県都の山形市は、いつからか「ふうき豆の町」として知られるようになった。

始まりは明治後期のこと。髪結い床（理髪店）を営んでいた主人が、待ち客のお茶請けとして、素朴な青エンドウの煮豆を出した。これが大評判となり、やがて豆専門の菓子屋に転業したという。しかし二代目に跡継ぎがなく、三代目を託されて受け継いだのが、このまめやである。

同社の「元祖冨貴豆」は、完熟豆の薄皮を一粒ずつむいて、砂糖と塩だけで炊き上げた素朴な家庭の味。しっとりとほっくりの加減がほどよく、甘さがほろほろと舌に転がる。「無添加で無着色、炊き方は昔と少しも変えていない」と四代目店主が話すように、目に見えない秘伝の技があるのだろう。手がなかなか止まらないおいしさである。

小粋な構えの店は、山形の七日町通りから、ちょっと入った旅籠《はたご》町にある。製造販売するのは、この豆一品のみ。粉ふき豆の「ふき」に「富貴」の字を当て、元祖を冠して商標登録している。のちに、市内数か所の菓子店が同じような煮豆を発売。菓名表記は異にするが、山形の土産銘菓の定番になっている。

おいらんふろう濡甘納豆——本当は秘密にしたい逸品

有名観光地や大都市は、行楽や出張で訪れる機会が多い。土産銘菓もよく売れるし、それが話題を呼んでさらなる人気を集め、行列を生んでいる。だが、それが必ずしも驚くほどの絶品であるわけではない。物見高いというか、付和雷同というか。

とりわけ近年は、有名人の誰某《たれがし》が食べただとか、インスタ映えするだとか、インターネットで拡散することも多い。悲しいかな、そうした大騒ぎの後、ブームがパタッと終わってしまう例もよく聞く。だからこそ、知らない町で出合った逸品には、人に知らせたいような、教えたくないような思いがある。

とはいえ、この章までお付き合いくださった方には、感謝を込めていくつかの銘菓を耳打ちで教えたい。その一つに、上州の名湯・四万《しま》温泉の小さな菓子屋がつくる「**おいらん**

ふろう濡甘納豆」（群馬県中之条町・高田屋菓子舗）がある。

　読者諸賢は「おいらんふろう」と聞いて、どんな豆か見当がつくだろうか。この豆は、標高一〇〇〇メートル以上の高地に限って大きな実を結ぶ、花インゲン豆のことである。花が華麗で、皮が美しい薄紫色であることから、昔の人は花魁《おいらん》豆と呼んだ。ふろうとは豆を包む大きなサヤとのことである。

　しかしこの豆、「石豆」の異名があるように、皮が硬いうえに粘性が強く、餡には不向きである。そこで三代目店主の眞貝朋男さんが、苦心の末、ある製法にたどり着いた。豆を一晩水漬けにし、煮上げてから、蜜を取り換えながら五日間漬けるのだ。平均で四センチはあるだろう大粒でふっくらとした豆は、皮も実も甘さがしっとりと染みて、豆本来のふくよかな旨みが口の中で膨らんでくる。硬すぎず、やわらかすぎず、甘すぎない。一粒一粒が名菓の域に達した甘納豆である。

愛宕下羊羹――売り切れ必至の力強い甘味

饅頭や煎餅とともに、各地に数多くの名物羊羹がある。黒糖羊羹、和布《わかめ》羊羹、柿羊羹、栗羊羹、芋羊羹などのように素材がわかるものに加えて、三隅羊羹、日光羊羹、標津《しべつ》羊羹など、地名が冠されたものも多い。

名産品として著名な土地ばかりではない。静岡県南西部の遠州横須賀に住む友人から手土産にもらって以来、私がすっかり気に入っているのが**「愛宕下《あたごした》羊羹」（静岡県掛川市・愛宕下羊羹）**である。

昔ながらの包装は、舟から棹状に切り分けて、経木に包んだだけのもの。手にずしりと重く、煉りが深く、しっとりと硬めだが歯応えは滑らか。くどくない甘さの小豆の旨みが、口いっぱいに押し広がる逸品である。家族だけでつくるため、本数は少なく、午前中に売り切れてしまう人気の羊羹だ。

しばらく口にすることはなかったが、掛川を取材で訪れた折に、遠州横須賀まで足を延ばして旅籠風の宿に泊まり、翌朝、友人のアドバイスどおり開店前に店へと足を運んだ。宿場町の面影を残す旧街道の一筋北にある風雅な数寄屋造りの店には、すでに地元や遠来の客が待っていた。客は手慣れたような所作で、栗、小豆、白、抹茶の四種類から好みのものを選び、店の人は忙しく一本一本包んでいた。午前中に売り切れ御免という、噂どおりの繁盛ぶりに驚いたものだ。

古代秩父煉羊羹――懐かしさを覚える名品

羊羹といえばもう一つ、秩父《ちちぶ》方面に行ったら買ってくる土産が**「古代秩父煉羊羹」（埼玉県小《お》**

鹿《が》野《の》町・太田《おおた》甘池堂《かんちどう》）である。

本店は、西秩父の趣ある小鹿野の町並みの中ほどにある。この店を訪ねたのは、同地の国民宿舎両神荘に泊まったところ、当時、支配人をしていた友人が案内してくれたからだった。

間口の広い、古い建物だが、店内は整然としており、陳列されるのは、小豆の田舎、インゲン豆の本煉、柚子の三種類。それに四角い一口サイズの羊羹だけ。

古色を帯びた包装紙を開けて口に運ぶと、しっかり煉り固められた歯応えの心地よさとともに、ややあっさりめのほどよい甘さが滑らかに舌を潤す。どこか懐かしい味である。

伝えによると、創業は享和三年（一八〇三）と古い。二代目が江戸・日本橋の甘林堂で羊羹の製法を伝授され、この地で店を出したという。豆や砂糖の配合も製法も昔ながらで、若い夫婦が一〇代目を継いでいる。北海道や九州からも取り寄せるファンがいるそうだ。

小鹿野町はなかなか行く機会がない町だが、観光客が多い西武秩父駅近くに売店を出した。ぜひご賞味いただきたい。

柴田のモナカ――手づくり誇る四国の秀菓

和菓子店に並ぶ定番商品の一つに最中がある。形、文字、絵柄の型押しで、さまざまな個性が表現できるので、土産銘菓として売り出しやすい点もあるだろう。全国各地に数限りなく存在する。

そのなかで私が忘れられないのが、**「柴田のモナカ」（愛媛県四国中央市・白貴堂《はくひどう》）**である。愛媛へと向かう途中、名物駅弁の「いなり寿し」を取材するために降りた川之江駅で、地元の人に教えられた逸品である。

駅から歩いて五分ほど、かつての繁華街の面影残る商店街にあって、ひときわ目につくなまこ壁の店である。カステラ、饅頭、羊羹、タルトなど、さまざまな銘菓を扱っているが、看板菓子は「四国きっての」といわれる最中である。

形は四角で、種皮の隅には、丸の中に「柴」と印鑑のような型押し。パリッと嚙むと、やや透き通った感じのきめ細かなこし餡がたっぷりと詰まっている。中に散らした大粒の北海道産大納言を舌に感じながらの餡は、上品ですっきりした甘さと香り。伝統の誇りを込めた自家製餡である。種皮は、天候による湿気などを見極めながら、地元のもち米を蒸してこんがりと焼き上げている。種皮も自家製というのは今や希少である。

当時、幕府天領だった川之江に、初代・柴田辨治が店を開いたのは安永元年（一七七二）のこと。江戸に参勤交代した土佐藩主山内公の用命を受けて、栄えたという。代々の店主が原料の吟味と品質の向上に努めるのは、そうした伝

統への自負からだろう。

鹿の子餅——気持ちも丸くなるふわふわの餅菓子

菓子の材料としての鶏卵は、重要な役目を担っている。コクや旨みなど風味を引き立てる、生地をふんわりさせる、色をきれいにする、生地を滑らかにしっとりさせる。いずれも鶏卵なくしては実現が難しい。その最たるものがカステラだろう。

卵を使った菓子で、私が折に触れて無性に食べたくなるのは、泡立てるとふわふわになる卵白の特製を生かした**「鹿《か》の子《こ》餅」（富山県高岡市・不破福寿堂）**。富山県西部の旧城下町・高岡の銘菓である。

この「鹿の子餅」は、もち米を炊いて、羽二《はぶた》重餅《え》のようにやわらかく練り、泡立てた卵白を加えたもので、上品な餅である。見た目は純白で四角いが、食感はふわふわもちもちで、甘さはほのか。時折ぷちっと当たる金時豆は、蜜に漬け込まれたもの。気持ちも丸くなるような、やさしい甘みのおいしさである。

創業は明治二二年（一八八九）のこと。この菓子を創製した初代は、織田政権下、柴田勝家の与力として、前田利家や佐々成政とともに府中三人衆として活躍した不破光治の流れを汲むという。

実直な人柄の四代目の不破崇之さんは「これを繋いでゆくのが使命」と語る。店は北陸新幹線新高岡駅と在来線の高岡駅の間にある。

長八の龍――予約不可欠の看板菓子

時に恋しくなる菓子といえば、**「長八の龍」（静岡県松崎町・梅月園）**も百銘菓に数えておきたい逸品である。

松崎は、伊豆半島南西端の港町。全国生産の七割を占める桜葉の町として知られる。梅月園は「さくら葉餅」が名物として評判だが、「長八の龍」は、突然行っては買えない稀少な菓子である。

これは、こし餡とつぶ餡を二層にして円形に収め、そこへ和三盆をまぶした半生菓子である。餡は北海道産小豆の高級品種で、こし餡は黒糖入り、つぶ餡はザラメ入り。まぶした和三盆とほっこりした小豆餡とがあいまって、深みのある甘さが生まれるが、後口はさらり。しっとり響く小豆の風味には心がほっと和み、疲れも取れる心地である。表面には、龍の顔が型押しされている。

かつて取材で訪ねた折には、店主夫人が「注文をいただいてからつくるので、二日後以降の発送になります」と話してくれた。すべて手づくりで通す佳品である。

菓名や意匠は、左官の入江長八にちなんでいる。松崎出身の長八は、江戸後期から明治前期、江戸で狩野派に学び、漆喰による鏝絵《こてえ》を芸術にまで高めた名工として名高い。松崎町内には、彼の作品が残る建物や作品を一堂に展示した伊豆の長八美術館もある。「長八の龍」は予約が望ましい。取り寄せもできる。

三方六――三〇年来愛する絶品バウムクーヘン

この世の森羅万象には、何かしらの名前や記号が付いている。人には人名、場所には地名、事柄には件名。なぜだろうか。それは名前が、記録や記憶にとって欠かせないからである。

もちろん、菓子にとっても菓名は大きな意味をもつ。「赤福」や「白い恋人」ほどの存在になれば、菓名や地名などと関係なく飛ぶように売れていくが、多くの菓子はそうではない。土産銘菓の菓名は、地名が大事な要素となる。

ここで最後に紹介するのは、とてもおいしく、かつ売れてはいるものの、知名度が発展途上という銘菓である。それが、バウムクーヘンの**「三方六《さんぼうろく》」（北海道音更《おとふけ》町・柳月）**だ。

菓名の「三方六」が謎を呼ぶが、これは北海道開拓時代の精神を伝える名称である。開墾のために伐採された木は、まっすぐなものは木材に、そうでないものは冬の燃料とされ

た。薪《まき》の割り方には基準があり、木口のサイズ三方がそれぞれ六寸（約一八センチ）であったという。つまり「三方六」が薪のサイズだったのだ。赤々と燃える火で厳冬を凌いだ開拓時代、薪はとてもありがたい存在だっただろう。そんな薪への感謝の思いを菓名と形に込めて、昭和四〇年（一九六五）につくられたのがこの菓子である。

私は、このバウムクーヘンを三〇年来飽きずに買い求めてきた。生地に掛けられたホワイトチョコレートとミルクチョコレートは、白樺の木肌を表したものだ。しっとりとしてミルキーな小麦粉生地は、卵やバターがたっぷり。香り高くクリーミーなチョコレートが、上品な甘さで溶け合う。

旭川に在住していた作家の故・三浦綾子さんが、エッセイのなかで「吾が夫三浦（味にかけてはちょっとばかりうるさい男ですぞ）の激賞して止まないお菓子」と賞讃している。札幌駅や道内空港の土産売り場で買える人気土産だが、道外ではアンテナショップや一部デパートをのぞいてあまり見かけない。

バウムクーヘンの「バウム」は、まさしくドイツ語で「木」の意味。初めて目にする者にはわかりにくい「三方六」の名に「〜白樺バウム〜」のサブネームを付けるだけで、もっとわかりやすく、北海道らしく、知名度も上がるのではないかと思ってしまう。いやいや、これ以上はメジャーにならなくてもいい。この菓子を偏愛するがゆえの思いである。

おもな参考文献

奥山益朗編『和菓子の辞典』東京堂出版、一九八三年
河野友美編『改訂食品事典8 菓子』真珠書院、一九七四年
全国銘産菓子工業協同組合編『日本の菓子 全国銘菓』全国銘産菓子工業協同組合、二〇一〇年
鈴木晋一監修『別冊太陽 日本のこころ135 和菓子風土記』平凡社、二〇〇五年
岸朝子選『[新訂版]全国 五つ星の手みやげ』東京書籍、二〇一四年
新星出版社編集部編『和菓子と日本茶の教科書』新星出版社、二〇〇九年
京都新聞社編『雅びの京菓子』京都新聞社、一九九六年
山本候充編著『日本銘菓事典』東京堂出版、二〇〇四年
村岡安廣『肥前の菓子――シュガーロード長崎街道を行く』佐賀新聞社、二〇〇六年
中尾隆之『全国和菓子風土記――ふるさとの銘菓300選』昭文社、二〇〇一年
中尾隆之・塙広明『貰って嬉しい東京手みやげ』日本出版社、二〇一〇年
コロナ・ブックス編集部編『東京のおいしい和菓子』平凡社、一九九八年
山本博文監修『江戸時代から続く 老舗の和菓子屋』双葉社、二〇一四年

おわりに

旅をすると数多くのモノ、コト、ヒトに出合う。とりわけ、五感を通して記憶に残るのが食べ物である。美味しいものを食べると幸福感が満たされ、ふと家族や友人らの顔が浮かび、お裾分けしたい気持ちに駆られる。それが形をなすのが手土産だろう。郷土料理は気安く持ち帰るわけにいかないが、お菓子は気軽に買い求め、配ることができる。ゆえに、昔から旅土産の主役となった。

本書は「土産銘菓を選ぶ一助に」と書き下ろしたものだが、「一〇〇に絞る」悩ましさに何度も立ち止まり、それと矛盾するようではあるが、「一〇〇を選ぶ」難しさにも突き当たった。迷いや悔いが皆無とはいえないが、どうにかまとめることができた。

銘菓の発祥や歴史に関しては、諸説があって定かでなく、今となっては調べようもない場合がある。執筆にあたっては、先達の著書や文献を参考にさせていただいた。また、創業時のエピソードや菓子の製法などに関しては、各店のカタログ、しおり、ホームページ等を大いに頼った。心より御礼申し上げる。

百銘菓を選出するにあたっては、各店より掲載のご承諾をいただいた。いくつかの店舗には、原稿内容の確認や写真提供の手間を煩わせることとなった。関係者の皆様に感謝の気持ちをお伝えしたい。本書に誤りや表現に行き届かぬ点が残るとすれば、新たな取材で改める機会を得たい。

最後になるが、本書を執筆する機会を与えてくれ、助言や励ましとともに、確認、調査、写真整理などの編集作業にあたってくれたＮＨＫ出版の粕谷昭大さん、加藤香さんに心より感謝申し上げる。そして、本書をお読みいただいた読者の皆様にも、御礼の言葉をお伝えしたい。ありがとうございました。

二〇一八年六月

中尾隆之

掲載銘菓一覧

※原則として住所は本店・本社を、電話番号はお問い合わせ用の番号を記載しています。
丸囲みの数字は章を、下部の数字はページを表しています。
※情報は二〇一八年六月現在のものです。

北海道・東北

白い恋人❹ 105
🏠石屋製菓
北海道札幌市西区宮の沢2条2丁目11-36
☎011-666-1483

ハスカップジュエリー❺ 130
🏠もりもと
北海道千歳市千代田町4-12-1
☎0120-24-4181

はこだて大三坂❻ 149
🏠菓子舗喜夢良
北海道亀田郡七飯町本町4-5-20
☎0138-65-3571

マルセイバターサンド❼ 167
🏠六花亭
北海道帯広市西24条北1丁目3-19
☎0120-12-6666

三方六❾ 206
🏠柳月
北海道河東郡音更町下音更北9線西18-2
☎0120-006-836

気になるリンゴ❽ 181
🏠ラグノオささき
青森県弘前市百石町9
☎0172-35-0353

元祖秋田諸越❸ 75
🏠杉山壽山堂
秋田県秋田市川尻町字大川反233-199
☎018-823-5185

饗の山❻ 147
🏠中松屋
岩手県下閉伊郡岩泉町岩泉字下宿37
☎0194-22-3225

ごま摺り団子❽ 185
菓匠松栄堂
岩手県一関市山目前田103
☎0120-23-5008

元祖冨貴豆❾ 194
まめや
山形県山形市旅篭町1-5-11
☎023-623-0554

萩の月❹ 102
菓匠三全
宮城県仙台市青葉区大町2-14-18
☎022-263-3000

喜久福❼ 165
お茶の井ヶ田 喜久水庵
宮城県仙台市青葉区大町2-7-23
☎0120-014-123

ままどおる❼ 164
三万石
福島県郡山市富久山町福原字神子田7-5
☎0120-81-3059

関東

グーテ・デ・ロワ ソレイユ❶ 38
ガトーフェスタハラダ
群馬県高崎市新町1207
☎0120-520-082

湯乃花饅頭❷ 50
勝月堂
群馬県渋川市伊香保町伊香保591-7
☎0279-72-2121

おいらんふろう濡甘納豆❾ 196
高田屋菓子舗
群馬県吾妻郡中之条町四万4232
☎0279-64-2702

水戸の梅❺ 127
亀じるし
茨城県水戸市見川町2139-5
☎029-305-2211

源兵衛せんべい❷ 61
豊納源兵衛
埼玉県草加市神明1-2-26
☎048-922-2459

十万石まんじゅう❻ 145
十万石ふくさや
埼玉県行田市長野2-27-28
☎048-556-1275

古代秩父煉羊羹❾ 199
太田甘池堂
埼玉県秩父郡小鹿野町小鹿野263
☎0494-75-0132

空也もなか❶ 33
空也
東京都中央区銀座6-7-19
☎03-3571-3304

花園万頭❶ 41
花園万頭
東京都新宿区新宿5-16-15
☎03-3352-4651

志ほせ饅頭❷ 46
塩瀬総本家
東京都中央区明石町7-14
☎03-3541-0776

虎屋饅頭❷ 49
とらや
東京都港区元赤坂1-1-16
☎03-3408-3213

壺形最中❷ 56
壺屋總本店
東京都文京区本郷3-42-8
☎03-3811-4645

どらやき❷ 62
うさぎや
東京都台東区上野1-10-10
☎03-3831-6195

名代金鍔❸ 68
榮太樓總本舗
東京都中央区日本橋1-2-5
☎03-3271-7785

東京ばな奈「見ぃつけたっ」❹ 99
グレープストーン
東京都杉並区阿佐谷南1-33-2
☎03-5378-1122

陸乃宝珠❽ 178
源 吉兆庵
東京都中央区銀座7-8-9
☎03-5537-5457

御目出糖❽ 184
萬年堂
東京都中央区銀座5-8-20
☎03-3571-3777

栗羊羹❺ 126
なごみの米屋總本店
千葉県成田市上町500
☎0476-22-1211

鳩サブレー ❼ 157
🏠 豊島屋
神奈川県鎌倉市小町2-11-19
☎ 0467-25-0810

甲信越・北陸

玉だれ杏 ❺ 125
🏠 長野 凮月堂
長野県長野市大門町510
☎ 026-232-2068

開運老松 ❻ 144
🏠 開運堂
長野県松本市中央2-2-15
☎ 0263-32-0506

栗甘美 ❶ 30
🏠 越乃雪本舗大和屋
新潟県長岡市柳原町3-3
☎ 0258-35-3533

翁飴 ❸ 78
🏠 高橋孫左衛門商店
新潟県上越市南本町3-7-2
☎ 025-524-1188

反魂旦 ❼ 162
🏠 美都家
富山県高岡市大坪町1-4-1
☎ 0766-22-2864

鹿の子餅 ❾ 203
🏠 不破福寿堂
富山県高岡市京田140-1
☎ 0766-25-0028

長生殿 ❸ 73
🏠 森八
石川県金沢市大手町10-15
☎ 076-262-6251

じろあめ ❸ 77
🏠 俵屋
石川県金沢市小橋町2-4
☎ 076-252-2079

きんつば ❹ 98
🏠 中田屋
石川県金沢市元町2-4-8
☎ 076-252-4888

丸柚餅子 ❽ 179
🏠 柚餅子総本家中浦屋
石川県輪島市河井町4-97
☎ 0768-22-0131

東海

追分羊かん❷ 54
追分羊かん
静岡県静岡市清水区追分2-13-21
☎054-366-3257

黒大奴❻ 143
清水屋
静岡県島田市本通2-5-5
☎0547-37-2542

うなぎパイ❼ 155
春華堂
静岡県浜松市中区鍛冶町321-10
☎053-453-7100

ワイロ最中❽ 187
桃林堂
静岡県牧之原市地頭方925-2
☎0548-58-0404

愛宕下羊羹❾ 198
愛宕下羊羹
静岡県掛川市横須賀1515-1
☎0537-48-2296

長八の龍❾ 204
梅月園
静岡県賀茂郡松崎町桜田149-1
☎0558-42-0010

上り羊羹❶ 24
美濃忠
愛知県名古屋市中区丸ノ内1-5-31
☎052-231-3904

ゆかり❹ 96
坂角総本舗
愛知県東海市荒尾町甚造15-1
☎0120-758-104

をちこち❺ 115
両口屋是清
愛知県名古屋市中区丸の内3-14-23
☎052-961-6811

栗きんとん❶ 28
すや
岐阜県中津川市新町2-40
☎0573-65-2078

赤福❸ 83
赤福
三重県伊勢市宇治中之切町26
☎0596-22-7000

関の戸 ❻ 140
深川屋
三重県亀山市関町中町387
☎ 0595-96-0008

関西

長寿芋 ❶ 31
たねや
滋賀県近江八幡市宮内町3
日牟禮ヴィレッジ
☎ 0120-295-999

清浄歓喜団 ❶ 20
亀屋清永
京都府京都市東山区祇園町南側
534
☎ 075-561-2181

夏柑糖 ❶ 25
老松
京都府京都市上京区社家長屋町
675-2
☎ 075-463-3050

道喜粽 ❶ 40
川端道喜
京都府京都市左京区下鴨南野々神町
2-12
☎ 075-781-8117

どら焼 ❷ 64
笹屋伊織
京都府京都市下京区七条通大宮西入花
畑町86
☎ 075-371-3333

京観世 ❸ 72
鶴屋吉信
京都府京都市上京区西船橋町340-
1
☎ 075-441-0105

阿闍梨餅 ❹ 94
満月
京都府京都市左京区田中大堰町
139
☎ 075-791-4121

聖護院八ッ橋 ❺ 123
聖護院八ッ橋総本店
京都府京都市左京区聖護院山王町6
☎ 075-761-5151

華 ❼ 161
鼓月
京都府京都市中京区西ノ京内畑町3
☎ 075-802-3321

茶壽器❽ 182
甘春堂
京都府京都市東山区上堀詰町292-2
☎075-561-4019

御城之口餅❸ 80
本家菊屋
奈良県大和郡山市柳1-11
☎0743-52-0035

極上本煉羊羹❷ 52
総本家駿河屋
和歌山県和歌山市駿河町12
☎073-431-3411

葛ふくさ❶ 27
菊壽堂義信
大阪府大阪市中央区高麗橋2-3-1
☎06-6231-3814

梅花むらさめ❸ 70
小山梅花堂
大阪府岸和田市本町1-16
☎072-422-0017

百楽❹ 92
鶴屋八幡
大阪府大阪市中央区今橋4-4-9
☎06-6203-7281

けし餅❺ 121
小島屋
大阪府堺市堺区宿院町東1-1-23
☎072-232-0313

元祖高砂きんつば❸ 69
本髙砂屋
兵庫県神戸市東灘区向洋町西5-1
☎078-857-3333

玉椿❺ 114
伊勢屋本店
兵庫県姫路市龍野町4-20
☎079-292-0830

塩味饅頭❾ 190
元祖播磨屋
兵庫県赤穂市尾崎222
☎0791-42-2300

中国・四国

もみじまんじゅう❹ 90
藤い屋
広島県廿日市市宮島町1129
☎0829-44-2221

名菓舌鼓❶　18
山陰堂
山口県山口市中市町6-15
☎083-923-3110

亀の甲せんべい❷　59
江戸金
山口県下関市卸新町7-3
☎083-223-0391

夏蜜柑丸漬❽　176
光國本店
山口県萩市熊谷町41
☎0838-22-0239

八雲小倉❶　35
風月堂
島根県松江市末次本町97
☎0852-21-3576

若草❺　112
彩雲堂
島根県松江市天神町124
☎0852-21-2727

源氏巻❾　192
山田竹風軒本店
島根県鹿足郡津和野町後田口240
☎0120-202-543

木守❻　137
三友堂
香川県高松市片原町1-22
☎087-851-2258

小男鹿❻　139
小男鹿本舗 冨士屋
徳島県徳島市南二軒屋町1-1
☎088-623-1118

山田屋まんじゅう❹　88
山田屋
愛媛県松山市正岡神田甲251
☎089-911-7118

一六タルト❺　120
一六本舗
愛媛県松山市東方町甲1076-1
☎089-963-5716

柴田のモナカ❾　201
白賁堂
愛媛県四国中央市川之江町1794-1
☎0896-56-2232

梅不し❺　129
西川屋老舗
高知県高知市北竹島町270-7
☎088-832-8757

九州・沖縄

シャルロット・オ・ショコラ❶ 37
パティスリーイチリュウ
福岡県福岡市中央区清川3-28-15
☎092-531-5268

博多通りもん❹ 86
明月堂
福岡県福岡市博多区東那珂2-11-23
☎092-411-7777

鶏卵素麺❽ 172
松屋
福岡県福岡市西区橋本2-1-4
☎092-812-6141

小城の朔羊羹❶ 22
村岡総本舗
佐賀県小城市小城町861
☎0952-72-2131

丸房露❺ 118
鶴屋
佐賀県佐賀市西魚町1
☎0952-22-2314

さが錦❼ 159
村岡屋
佐賀県佐賀市駅南本町3-18
☎0952-22-4141

カステラ❺ 116
カステラ本家 福砂屋
長崎県長崎市船大工町3-1
☎095-821-2938

栗饅頭❻ 136
田中旭榮堂
長崎県長崎市上町3-6
☎095-822-6307

一〇香❽ 174
茂木一まる香本家
長崎県長崎市茂木町1805
☎095-836-0007

美貴もなか❻ 134
柳屋本舗
熊本県水俣市陣内1-9-27
☎0966-63-2239

雪月花❺ 122
橘柚庵古後老舗
大分県大分市千代町3-1-10
☎097-532-5733

ざびえる❼ 152
ざびえる本舗
大分県大分市大分流通業務団地1-3-11
☎097-524-2167

軽羹❺ 110
明石屋
鹿児島県鹿児島市金生町4-16
☎099-226-0431

紅いもタルト❼ 154
御菓子御殿
沖縄県中頭郡読谷村字宇座657-1
☎098-958-7333

校閲　猪熊良子
　　　ペーパーハウス
ＤＴＰ　佐藤裕久